Alfredo Richart
Osmar R. Brito
Sérgio J. Alves

Disponibilidade de fósforo para o capim Marandu em solos do Paraná

Alfredo Richart
Osmar R. Brito
Sérgio J. Alves

Disponibilidade de fósforo para o capim Marandu em solos do Paraná

Eficiência da adubação fosfatada

Novas Edições Acadêmicas

Impressum / Impressão
Bibliografische Information der Deutschen Nationalbibliothek: Die Deutsche Nationalbibliothek verzeichnet diese Publikation in der Deutschen Nationalbibliografie; detaillierte bibliografische Daten sind im Internet über http://dnb.d-nb.de abrufbar.
Alle in diesem Buch genannten Marken und Produktnamen unterliegen warenzeichen-, marken- oder patentrechtlichem Schutz bzw. sind Warenzeichen oder eingetragene Warenzeichen der jeweiligen Inhaber. Die Wiedergabe von Marken, Produktnamen, Gebrauchsnamen, Handelsnamen, Warenbezeichnungen u.s.w. in diesem Werk berechtigt auch ohne besondere Kennzeichnung nicht zu der Annahme, dass solche Namen im Sinne der Warenzeichen- und Markenschutzgesetzgebung als frei zu betrachten wären und daher von jedermann benutzt werden dürften.

Informação biográfica publicada por Deutsche Nationalbibliothek: Nationalbibliothek numera essa publicação em Deutsche Nationalbibliografie; dados biográficos detalhados estão disponíveis na Internet: http://dnb.d-nb.de.
Os outros nomes de marcas e produtos citados neste livro estão sujeitos à marca registrada ou a proteção de patentes e são marcas comerciais registradas dos seus respectivos proprietários. O uso dos nomes de marcas, nome de produto, nomes comuns, nome comerciais, descrições de produtos, etc. Inclusive sem uma marca particular nestas publicações, de forma alguma deve interpretar-se no sentido de que estes nomes possam ser considerados ilimitados em matérias de marcas e legislação de proteção de marcas e, portanto, ser utilizadas por qualquer pessoa.

Coverbild / Imagem da capa: www.ingimage.com

Verlag / Editora:
Novas Edições Acadêmicas
ist ein Imprint der / é uma marca de
OmniScriptum GmbH & Co. KG
Heinrich-Böcking-Str. 6-8, 66121 Saarbrücken, Deutschland / Niemcy
Email / Correio eletrônico: info@nea-edicoes.com

Herstellung: siehe letzte Seite /
Publicado: veja a última página
ISBN: 978-3-639-75846-7

DISPONIBILIDADE DE FÓSFORO E RESPOSTA DO CAPIM MARANDU À ADUBAÇÃO FOSFATADA EM SOLOS DO PARANÁ

RESUMO

Foram conduzidos dois experimentos em solos argilosos da região norte (LVef e NVef) e solos arenosos da região noroeste (LVAd e PAd) do estado do Paraná, para avaliar a disponibilidade de fósforo e a resposta do capim Marandu à adubação fosfatada. Os experimentos foram conduzidos em casa de vegetação na Universidade Estadual de Londrina (PR), com coordenadas geográficas 23°23' de latitude S e 51°11' de longitude W, altitude média 566m, no período de janeiro a maio de 2006. Os solos selecionados apresentavam características físico-químicas distintas, sendo os mesmos classificados como Latossolo Vermelho Eutroférrico (LVef), textura muito argiloso; Nitossolo Vermelho Eutroférrico (NVef), textura muito argiloso; Latossolo Vermelho-Amarelo Distrófico (LVAd), textura areia franca e Argissolo Amarelo Distrófico (PAd), textura franco-siltosa. O delineamento experimental adotado para os solos LVef e NVef foi o de blocos casualizados, em arranjo fatorial 2x5, com quatro repetições, em que o fatores foram duas fontes de P (superfosfato triplo e fosfato de Gafsa) e cinco doses de P (0, 125, 250, 500 e 1000 mg kg^{-1} de P). Para os solos LVAd e PAd, o delineamento experimental foi o de blocos casualizados, em arranjo fatorial 2x4, com quatro repetições, em que o fatores foram duas fontes de P (superfosfato triplo e fosfato de Gafsa) e quatro doses de P (0, 125, 250, 500 mg kg^{-1} de P). Com relação às avaliações, foram realizados três cortes das plantas do capim Marandu aos 45, 90 e 135 dias após a emergência para determinar produção de massa seca da parte aérea e o teor de fósforo na massa seca. Nos mesmos períodos, coletaram-se amostras de solo para determinar o fósforo disponível pelos extratores Mehlich-1 e resina de troca aniônica. Os resultados indicaram que a produção de massa seca da parte aérea do capim Marandu aumentou com o incremento das doses de fósforo, independente da fonte e do solo considerado. O uso superfosfato triplo resultou nas maiores produções de massa seca da parte aérea do capim Marandu apenas no primeiro corte, equiparando-se com o fosfato de Gafsa nos cortes subseqüentes nos solos Latossolo Vermelho Eutroférrico e Nitossolo Vermelho Eutroférrico. Nos solos Latossolo Vermelho-Amarelo Distrófico e Argissolo Amarelo Distrófico, o superfosfato triplo resultou sempre nas maiores produções de massa seca da parte aérea do capim Marandu. O aumento das doses de fósforo proporcionou incrementos nos teores de fósforo na massa seca da parte aérea das plantas do capim Marandu, principalmente para a fonte superfosfato triplo nos quatro solos avaliados. A resina de troca aniônica mostrou-se mais adequada que o extrator Mehlich-1 para avaliar a disponibilidade de fósforo nos solos estudados e apresentou maior coeficiente de correlação com o fósforo absorvido pelas plantas do capim Marandu.

Palavras-chave: Solo tropical, pastagem tropical, teores foliares de fósforo, fonte de fósforo, extrator de fósforo.

ABSTRACT

Two experiments were conduced in clay soils of the North region and sandy soils of the Northwest region of the Paraná State, to evaluate the phosphorus availability and the response of Marandu grass to phosphated fertilization. The experiments were conduced on the Londrina State University greenhouse, with the following geographic coordinates: 23°23' of latitude S and 51°11' of longitude W, average altitude of 566m, on the period of January until May 2006. The selected soils presented distinct physical-chemichal characteristics, being these classified as Eutroferric Red Latossol (LVef), very clayed texture; Typic Red Alfisol (NVef), very clayed texture; Red-yellow Dystrophic Latosol (LVad), sandy loam and Distrophic Yellow Podzolic (PAd), silt loam texture. The experimental design adopted for the LVef and NVef soils were randomized blocks, factorial design 2x5, with four replications, in which the factors were the two phosphorus sources (triple superphosphate and Gafsa phosphate) and the five doses of phosphorus (0, 125, 250, 500 and 1000 mg kg^{-1} of P). For the LVAd and PAd soils, the experimental design were randomized blocks, on a factorial design 2x4, with four replications, in which the factors were two sources of P (triple superphosphate and Gafsa phosphate) and four doses of P (0, 125, 250, 500 mg kg^{-1} of P). For the evaluations, three cuts were made in the plants of Marandu grass at 45, 90 and 135 days after emergence to determinate the dry matter yield and phosphorus levels on the dry matter. On the same periods, soil samples were collected to determinate the available phosphorus by the Mehlich-1 and Ion-exchange Resin methods. The results showed that the dry matter production of the Marandu grass aerial part increased with the increment of phosphorus doses, independent of the source and soil considered. The use of triple superphosphate resulted in higher productions of dry matter of Marandu grass aerial part only in the first cut, being equal to Gafsa phosphate in the new cuts on Eutroferric Red Latossol and Typic Red Alfisol. In the

Red-yellow Dystrophic Latosol and Distrophic Yellow Podzolic soils the triple superphosphate resulted on higher productions of dry matter of the Marandu grass aerial part. The increasement of phosphorus doses resulted on increases on the phosphorus levels on the dry matter of the Marandu grass aerial part, specially for the triple superphosphate source on the four soils evaluated. The ion-exchange resin method showed to be more adequate than Mehlich-1 to evaluate the phosphorus availability on the soils studied and presented higher correlation coefficient with the phosphorus absorbed by the Marandu grass plants.

Keywords: tropical soil, tropical pasture, foliar phosphorus levels, phosphorus sources, phosphorus extractor.

SUMÁRIO

1. INTRODUÇÃO

No cenário atual da bovinocultura de corte, o Brasil destaca-se por apresentar o maior rebanho comercial do mundo, com aproximadamente 200 milhões de cabeças. No ranking nacional, o estado do Paraná é o sétimo maior produtor, com um rebanho de aproximadamente 7,5 milhões de cabeças, correspondendo a 5% do rebanho nacional (MEZZADRI, 2007).

A bovinocultura paranaense consolidou-se mediante a utilização de pastagens, sejam elas naturais (1,4 milhões de hectares) ou cultivadas (5,3 milhões de hectares), ocupando uma área total de 6,7 milhões de hectares. A maioria dos pecuaristas adota o sistema extensivo, utilizando ampla variedade de espécies de gramíneas e leguminosas para formação das pastagens (MEZZADRI, 2007). Entre as espécies utilizadas, destacam-se as gramíneas do gênero *Brachiaria*, em especial a *Brachiaria brizantha* (Hochst ex A. Rich.) Stapf cv. Marandu. Esta forrageira é caracterizada por ser rústica, apresentar elevada capacidade de produção de matéria seca, e notável plasticidade na adaptação aos diferentes ecossistemas (EMBRAPA, 1985).

Apesar de se adaptar tanto em solos argilosos como em arenosos, a *Brachiaria brizantha* cv. Marandu é cultivada em várias regiões do Paraná, em solos originalmente de baixa disponibilidade de fósforo (P), o que resulta muitas vezes em pastagens de baixa qualidade limitando o desempenho global da bovinocultura de corte no estado (ALVES et al., 1996). As limitações impostam pelos baixos teores de P dos solos paranaenses garante boas respostas ao emprego de fertilizantes fosfatados, como tecnologia indispensável para o estabelecimento e manutenção das pastagens.

Os argumentos freqüentemente utilizados como justificativas para a não adoção das práticas de adubação fosfatada são atribuídos principalmente às características de rusticidade e ampla adaptação da *Brachiaria brizantha* cv. Marandu aos mais variados tipos de solo e clima (AGUIAR, 1998). Além disso, as recomendações de P que não consideram os atributos químicos e as características mineralógicas dos solos contribuem para limitar a produtividade desta pastagem (NOVAIS; SMYTH; NUNES, 2007). O uso de fertilizantes fosfatados é essencial para o aumento da produção de massa seca da *Brachiaria* brizantha cv. Marandu cultivada em solos pobres em P como observaram vários pesquisadores como Guss; Gomide e Novais (1990) e Hoffmann; Faquim e Guedes (1995).

O P é um elemento essencial aos vegetais que tem origem em diferentes fontes e apresenta-se em várias formas químicas. No comércio de insumos agrícolas são encontrados diversos adubos fosfatados, distinguindo-se nas suas solubilidades e concentrações de P (RAIJ, 1991). Um grupo de fertilizantes fosfatados que recentemente vem ganhando destaque, é o dos fosfatos naturais reativos. Porém, a reatividade dos fosfatos naturais é bastante distinta (KAMINSKI; PERUZZO, 1997), muitos são praticamente inertes, como é o caso da maioria dos fosfatos brasileiros de origem geológica ígnea e metamórfica (MACEDO, 1985). No entanto, outros fosfatos têm mostrado resultados animadores, como é o caso dos fosfatos naturais reativos de origem sedimentar, destacando-se o fosfato natural reativo de Gafsa, proveniente da Tunísia na África. Por causa da sua maior reatividade, o fosfato de Gafsa apresenta eficiência similar ou até superior às fontes solúveis, quando aplicado a lanço e incorporado em área total, tanto para culturas anuais como para pastagens (OLIVEIRA et al., 1984; COUTINHO; NATALE; VILLA NOVA, 1991; KORNDÖRFER; CABEZAS; HOROWITZ, 1999), outros pesquisadores têm indicado resultados contrários aos observados pelo grupo anterior (MACEDO, 1985; GOEDERT; REIN; SOUZA, 1990).

O presente trabalho teve como objetivo avaliar a disponibilidade de fósforo pelos extratores Mehlich-1 e resina de troca aniônica e a resposta do capim Marandu à adubação fosfatada em solos do Paraná.

2. REVISÃO DE LITERATURA

2.1. *Brachiaria brizantha* cv. Marandu

A espécie *Brachiaria brizantha* (Hochst ex A. Rich.) Stapf é originária de uma região vulcânica da África, onde os solos, geralmente, apresentam bons níveis de fertilidade, com precipitação pluviométrica anual ao redor de 700 mm e cerca de oito meses de seca no inverno (RAYMAN, 1983).

A cultivar Marandu foi lançada pela EMBRAPA no ano de 1984. Seu nome significa "novidade", no idioma Guarani, visto que se tratava de nova alternativa de forrageira para a região dos Cerrados (NUNES et al., 1985). É recomendada para solos de média a boa fertilidade (EMBRAPA, 1985), possuindo boa capacidade de rebrota, tolerância ao frio e à seca (PORZECANSKI et al., 1979), boa tolerância a altos níveis de alumínio e manganês no solo, atingindo produções de 8 a 10 Mg ha^{-1} ano^{-1} de massa seca (ALCÂNTARA; BUFARAH, 1985).

Este cultivar pode ser diferenciado de outros ecotipos de *Brachiaria brizantha* pelas seguintes características: são plantas sempre robustas e com intenso perfilhamento nos nós superiores dos colmos floríferos; possuem pêlos na porção apical dos entrenós e bainhas; lâminas foliares largas e longas, com pubescência apenas na face inferior, glabras na face superior e com margens não cortantes; raque sem pigmentação arroxeada e espiguetas ciliadas no ápice (VALLS; SENDULSK, 1984).

2.2. Fósforo na Planta

O P é um dos dezessete elementos essenciais para a sobrevivência das plantas, desempenhando papel fundamental no metabolismo vegetal, sendo necessário para os processos de transferência de energia, síntese de ácidos nucléicos, glicose, respiração, síntese e estabilidade de membrana, ativação e desativação de enzimas, reações redox, metabolismo de carboidratos e fixação do nitrogênio (MARSHNER, 1995; MALAVOLTA; VITTI; OLIVEIRA, 1997). É parte integrante de diversas moléculas orgânicas, como açúcares fosfatados, nucleotídeos, coenzimas, fosfolipídios, ácido fítico, além de ser parte estrutural da adenosina di e trifosfato (ADP e ATP) (ARAÚJO; MACHADO, 2006).

O fornecimento de P às plantas se dá essencialmente via sistema radicular, onde o contato íon-raiz ocorre preferencialmente pelo mecanismo de difusão. A absorção do P é realizada contra um elevado gradiente de concentração, quando o $H_2PO_4^-$, a principal forma absorvida, atravessa a membrana plasmática por meio de carregadores de alta afinidade com o substrato via mecanismo simporte ($H^+/H_2PO_4^-$) (SCHACHTMAN; REID; AYLING, 1998; ARAÚJO; MACHADO, 2006; MALAVOLTA, 2006).

A planta em crescimento pode apresentar diferentes estádios na nutrição mineral, tendo em conta o balanço entre os suprimentos interno e externo de nutrientes e a demanda da planta. Inicialmente, as plantas sobrevivem de suas reservas contidas na semente, entretanto à medida que se desenvolve, o suprimento de nutrientes é governado pela resultante do balanço dinâmico entre fatores internos da planta e fatores ligados ao suprimento externo (GRANT et al., 2001, NOVAIS; SMITH, 1999). Desta forma, as limitações na disponibilidade de P no início do desenvolvimento vegetativo da pastagem podem resultar em restrições, das quais a planta não se recupera posteriormente, comprometendo a produção de massa seca, desenvolvimento vegetativo e radicular e o perfilhamento das espécies forrageiras (WERNER, 1986; FAGERIA, 1998).

2.3. Fósforo no Solo

O P é o décimo segundo elemento mais abundante na crosta terrestre (STEVENSON; COLE, 1999). O teor de P total nos solos varia entre 200 e 3.000 mg kg^{-1} de P, menos de 0,1% desse total encontra-se na solução do solo. Em solos tropicais, os valores de P em solução estão, com freqüência, entre 0,002 e 2 mg L^{-1} de P (NOVAIS; SMITH, 1999).

As formas de ocorrência de P no solo podem ser agrupadas em quatro categorias: P na forma iônica ($H_2PO_4^-$ e HPO_4^{2-}) e em compostos na solução do solo; P adsorvido na superfície dos constituintes minerais do solo; P de minerais cristalinos e amorfos, e por último o P componente da matéria orgânica (ARAÚJO; MACHADO, 2006).

O P na solução do solo é denominado fator intensidade (I), e a sua reposição são realizados pelo P adsorvido, conhecido como fator quantidade (Q). Portanto, há um equilíbrio entre I e Q, de modo que qualquer alteração em um deles implica alteração no outro. Esta interdependência de I e Q caracterizam o fator capacidade (FCP), quantitativamente definido pela relação Q/I (OZANNE, 1980). Quando a capacidade de Q em repor o I é insuficiente para sustentar a absorção pelas plantas, a estratégia mais comum para reverter este quadro é a adição de fertilizantes fosfatados.

Em solos com maior adsorção de P, como os argilosos, e de modo particular os mais intemperizados, a relação Q/I será maior que em solos com menor adsorção, como nos arenosos. Para os mesmos valores de Q e I, um solo argiloso terá menos P na solução e mais P-lábil que um arenoso. Por outro lado, para solos com o mesmo valor de I, a planta terá mais P à sua disposição naquele com maior Q (NOVAIS et al., 2007).

O P adsorvido pode ocorrer com facilidade em formas ligadas ao ferro, alumínio e cálcio, adsorvido a argilas silicatadas do tipo 1:1, adsorvido à matéria orgânica do solo por meio de pontes de cátions e, principalmente, adsorvido a oxihidróxidos de ferro e alumínio (PARFITT, 1978), resultando em baixos teores na solução do solo. As formas precipitadas de P, entre as quais estrengita ($FePO_4.2H_2O$), variscita ($AlPO_4.2H_2O$), fluorapatita ($Ca_{10}(PO_4)_6F_2$), hidroxiapatita [$Ca_{10}(PO_4)_6(OH)_2$], fosfato dicálcico dihidratado ($CaHPO_4.2H_2O$) e fosfato octacálcico [$Ca_8H_2(PO_4)_6.5H_2O$] mantém os íons $H_2PO_4^-$ na solução do solo na faixa de pH entre 5,0 e 7,0. Em ambientes de solo com pH baixo (menor que 5,0), há maior ocorrência do P nos minerais que contém ferro e alumínio, enquanto em pH maiores, isso acontece preferencialmente naqueles que contém o cálcio, sendo que a variação do pH pode promover a dissolução e ou formação de outros compostos (PARFITT, 1978; FIXEN; LUDWICK, 1982).

A adsorção do fosfato aos oxihidróxidos de ferro e alumínio ocorre, principalmente, nas formas de baixa cristalinidade e com alto desbalanço de cargas (SANYAL; DATTA, 1991). Esta adsorção ocorre nos sítios caracterizados como ácidos de Lewis, onde os grupos OH e OH_2^+ ligados monocoordenadamente ao metal (ferro ou alumínio) são trocados pelo fosfato, caracterizando o fenômeno conhecido como troca de ligantes (PARFITT, 1978). O fosfato pode ligar-se em formas monodentado, onde um oxigênio do fosfato é ligado ao metal, bidentado, onde dois oxigênios são ligados ao metal, e binucleado, onde dois oxigênios do fosfato são ligados a dois átomos do metal (GOLDBERG; SPOSITO, 1985; FIXEN; GROVE, 1990). A energia de ligação cresce no sentido dos compostos monodentado, bidentado e binucleado e a possibilidade de dessorção do fosfato aumenta na mesma ordem inversa. Com o passar do tempo pode ocorrer o "envelhecimento" do P adsorvido aos oxihidróxidos de ferro e alumínio, cujas ligações tendem à especificidade, formando compostos binucleados ou ainda a penetração do fosfato nas imperfeições do cristal (BARROW, 1999; NOVAIS; SMYTH, 1999).

A adsorção do P aos minerais que contém cálcio apresenta três estágios, a) quimiossorção do fosfato ao mineral, quando forma o fosfato de cálcio amorfo; b) cristalinização do mineral e, c) crescimento do cristal pelo acréscimo de novas camadas (PARFITT, 1978). Estes passos caracterizam o "envelhecimento" do fosfato de cálcio, reportado também por SANYAL; DATTA (1991), os quais alertam que o fosfato dicálcico pode lentamente transformar-se em fosfato octacálcico.

Quando fertilizantes fosfatados solúveis são adicionados ao solo, ocorrerá a liberação de uma solução saturada de fosfato monocálcico e, em menor concentração, fosfato dicálcico e ácido fosfórico, que acidificam o solo na região do grânulo, estabilizando o pH da solução saturada em torno de 5,1 (SOUSA; VOLKWEISS, 1987). A solução ácida proveniente do grânulo move-se no solo por difusão e, devido ao baixo pH, solubiliza os oxihidróxidos de ferro e alumínio na vizinhança do grânulo, provocando a adsorção do fosfato. Se o solo possuir abundância de cálcio, podem ser formados fosfatos de cálcio que, dependendo do pH, podem ser dissolvidos mais facilmente do que aqueles ligados aos oxihidróxidos (RHEINHEIMER, 2000). Por outro lado, quando o fertilizante adicionado ao solo for um fosfato natural, a liberação do fósforo dependerá da degradação do mineral do fertilizante (apatita). Nestas situações, a acidez do solo, os baixos teores de P e, principalmente, os baixos teores de cálcio favorecem a dissolução do fertilizante (ROBINSON; SYERS, 1990; SANYAL; DATTA, 1991).

2.4. Extratores de Fósforo no Solo

Existe uma grande variedade de métodos de extração de P em uso em diferentes regiões do mundo. Isto é um reflexo da complexidade do comportamento deste elemento no solo, bem como da falta de concordância sobre o método mais adequado (SILVEIRA, 2000).

A disponibilidade de P para as plantas tem sido avaliada por muitos métodos de extração, quantificando o P em solução e uma fração do P-lábil da fase sólida do solo. Para que um extrator possa ser recomendado em determinada região é necessário que as quantidades de P extraídas do solo estejam relacionadas com a absorção desse nutriente pelas plantas (ALVAREZ V. et al., 2000).

Os laboratórios de análise de solo do Brasil utilizam, com mais freqüência, os métodos Mehlich-1 (MEHLICH, 1953) e a Resina de troca de aniônica (SILVA; RAIJ,

1999). No Paraná, o Mehlich-1 é o extrator mais utilizado na determinação do P disponível (IAPAR, 1992). A utilização de extrator ácido apresenta a vantagem de possibilitar extratos límpidos e facilidade de execução de análise. Entretanto, apresenta baixa capacidade extrativa do P em solos ricos em óxidos de ferro e alumínio, pois extrai preferencialmente o fósforo ligado a cálcio e apenas uma pequena quantidade do fósforo ligado a ferro e alumínio (SILVEIRA, 2000). Em solos que receberam aplicações de fosfatos de baixa solubilidade (fosfatos naturais reativos), a utilização do Mehlich-1 como extrator, pode superestimar o P disponível e não apresentar boas correlações com as quantidades absorvidas do elemento ou com a produção das culturas (NOVAIS; SMITH, 1999). Isto limita e torna inadequada a utilização do extrator Mehlich-1 para avaliar a disponibilidade de P em áreas que receberam ou receberão correções com fosfatos naturais.

Por outro lado, a utilização da resina de troca aniônica corrige ou minimiza os problemas apresentados pelos extratores ácidos, por não sofrer alteração do seu poder de extração em solos com maior fator capacidade, e também por não ser sensível às formas não-lábeis, como as de P ligado ao cálcio (RAIJ; QUAGGIO; SILVA, 1986). Há indicações de que a resina de troca aniônica apresenta melhor correlação com as respostas das plantas à adubação fosfatada, além de não incluir nenhum agente químico de ação específica sobre os fosfatos do solo (RAIJ; FEITOSA; SILVA, 1982 e RAIJ; FEITOSA; CARMELLO, 1984).

Rossi e Fagundes (1998) verificaram a superioridade da resina em extrair P sobre o Mehlich-1, trabalhando com amostras de três solos: LATOSSOLO VERMELHO coletado nas camadas de 0-20 cm e 20-40 cm, ARGISSOLO VERMELHO-AMARELO e LATOSSOLO VERMELHO-AMARELO, em função da adubação com fosfato parcialmente acidulado. Os autores verificaram que o extrator Mehlich-1 pelo seu caráter ácido, solubilizou fosfato de cálcio, fornecendo valores elevados de P extraído, superestimando a disponibilidade de P às plantas.

2.5. Fontes Minerais de Fósforo

As fontes de P mais utilizadas na atualidade da agricultura brasileira são os fosfatos solúveis em água, tais como o superfosfatos simples e triplo, fosfato mono e diamônio. Existem outros adubos disponíveis, tais como os termofosfatos, multifosfatos e fosfatos naturais, que são de utilização mais restrita.

Para contornar o problema dos elevados custos dos fosfatos solúveis, vem sendo estudado e avaliado o uso dos fosfatos naturais (concentrados apatíticos, ricos em P) (KAMINSKI; PEROZZO, 1997). Os minerais apatíticos podem ser de origem ígnea, metamórfica ou sedimentar, mas destacam-se os de origem sedimentar, que apresentam alto grau de substituição isomórfica de fosfato por carbonato na estrutura cristalina do mineral (HAMMOND, 1977).

A eficiência dos fosfatos naturais depende de fatores relacionados às suas características intrínsecas, bem como das propriedades do solo, práticas de manejo e características específicas das plantas (KHASAWNWEH; DOLL, 1978; CHIEN; MENON, 1995; RAJAN; WATKINSON; SINCLAIR, 1996).

Uma característica importante dos fosfatos naturais é a sua reatividade química, estimada pela solubilidade em solventes orgânicos (ácido cítrico 2%, ácido fórmico 2% ou citrato neutro de amônio). Os fosfatos de origem ígnea ou metamórfica, em cuja categoria se enquadram os fosfatos naturais brasileiros de importância comercial, são pouco reativos em contraste com os fosfatos de origem sedimentar, como o Gafsa, classificado como altamente reativo (SYERS, et al., 1986; LÉON; FENSTER; HAMMOND, 1986).

Os fosfatos naturais têm sua eficiência melhorada quando aplicados a lanço e incorporados a solos argilosos ácidos, com baixos teores de cálcio trocável e P solúvel, e em culturas de ciclo longo ou perenes, tolerantes à acidez e eficientes na utilização do P (GOEDERT; LOBATO, 1984; HAMMOND; CHEIN; MOKWUNYE, 1986; SANZONOWICZ; GOEDERT, 1986; NOVAIS; SMYTH, 1999).

Mais recentemente, têm entrado no mercado brasileiro fosfatos naturais reativos de granulometria grosseira como é o caso do fosfato de Gafsa farelado que além da facilidade de aplicação apresenta maior rapidez na liberação do P nele contido (SOARES et al., 2000).

2.6. Reposta das Pastagens a Adubação Fosfatada

A resposta à adubação fosfatada depende, dentre outros fatores, da disponibilidade de P no solo, da disponibilidade de outros nutrientes, da espécie e variedade vegetal cultivada e das condições climáticas. Espécies menos exigentes, como as espécies do gênero braquiária, parecem ser mais eficientes na absorção de P em solo sem adubação fosfatada. Apesar dessa melhor eficiência em utilizar o P nativo, essas espécies apresentam potencial de resposta à adubação com este nutriente (SOUSA; LOBATO, 2003).

As recomendações de adubação fosfatada para as pastagens têm se baseado nos teores de P obtidos na análise de solo. Para a *Brachiaria brizantha* cv. Marandu, as quantidades de P_2O_5 (na forma prontamente solúvel em água) variam de 10 a 40 kg ha^{-1} (OLIVEIRA, 2003). Monteiro (1995) definiram para o *Panicum maximum* quantidades de P_2O_5 que oscilam entre 30 e 100 kg ha^{-1} para a formação de pastagens, e entre 20 e 60 kg ha^{-1} para pastagens já estabelecidas.

Magalhães et al. (2004) realizaram experimento em solos classificados como Mollisols e Brunizens no período das águas, aplicando doses de nitrogênio (0; 100; 200 e 300 kg ha^{-1} ano^{-1}) e de P (0; 50 e 100 kg ha^{-1} ano^{-1}) para a *Brachiaria decumbens*. Os autores verificaram ajustes lineares para a produção de massa seca da parte aérea da forrageira em função das doses de P adicionadas ao solo.

Maique e Monteiro (2003) estudaram doses de 0; 0,2; 1; 5; 10; 20; 30 e 40 mg L^{-1} de P para o *Panicum maximum* cv. Mombaça em solução nutritiva. Verificaram que a distribuição e a recuperação do P pelas plantas foram influenciadas pelo aumento da disponibilidade do nutriente. Os resultados indicaram que cerca de 50% do P encontrado nas plantas estavam presentes nas partes mais novas, como folhas em expansão e folhas recém-expandidas. Quanto à recuperação do P, relataram que cerca de um terço da quantidade de P disponibilizado na solução foi absorvido e encontrava-se na parte aérea do capim.

Uma outra forma de realizar a recomendação de adubação fosfatada foi proposta por Alvarez V. e Fonseca (1990), estudando curvas ou superfícies de resposta às adições de P em ensaios em casa de vegetação. Estes autores verificaram que em muitas situações as recomendações de P são estabelecidas de forma aleatória ou arbitrária para grupos de solos com diferentes características mineralógicas. Com isso, para alguns solos as doses de P são superestimadas e em outros, subestimadas. Para corrigir esta distorção, os mesmos autores conduziram experimentos com diferentes amostras de Latossolos do estado de Minas Gerais e estabeleceram o intervalo experimental entre os níveis de P a serem utilizadas em futuros experimento para determinar a capacidade máxima de adsorção de P com base nos resultados obtidos para fósforo remanescente das mesmas amostras. Com base nos resultados obtidos indicaram o intervalo experimental de 0 – 770 mg dm^{-3} de P para as espécies com características semelhantes às do capim braquiária.

Melo; Monteiro e Manfredini (2007), trabalhando com a forrageira *Brachiaria brizantha* cv. Marandu adicionaram doses de P de 10 a 330 mg dm^{-3} num experimento em casa de vegetação e verificaram incrementos na produção de massa seca em função das doses de P aplicadas a um Latossolo Vermelho-Amarelo distrófico.

Mesquita et al. (2004) trabalharam num experimento em casa de vegetação, avaliando a aplicação de P em três solos para a *Brachiaria brizantha* cv. Marandu e o *Panicum maximum* cv. Mombaça. As doses aplicadas no Latossolo Vermelho-Amarelo distroférrico e no Latossolo Vermelho distroférrico foram de 0, 110, 220, 330 e 560 mg dm^{-3} e no Neossolo Quartzarênico foram de 0, 80, 160, 240 e 410 mg dm^{-3}. Observaram que a aplicação de fósforo aumentou a produção de massa seca da parte aérea e das raízes, e o número de perfilhos das forrageiras nos três solos estudados.

O aumento na produção de massa seca da parte aérea do *Panicum maximum* cv. Tanzânia em função das doses de P (0 a 140 mg dm^{-3}) aplicadas em solos de textura arenosa, média e argilosa, em um experimento conduzido em casa de vegetação, foi relatado por Gheri et al. (2000). O maior acréscimo de produção de massa seca foi verificado com o emprego da dose de 35 mg dm^{-3} de P, independente do tipo de solo. As concentrações médias de P nas plantas, nos solos de textura arenosa, variaram em função das doses de 0,95 a 1,21 g kg^{-1} no primeiro corte e de 0,84 a 1,00 g kg^{-1} no segundo corte. Para os solos de textura média a variação foi de 1,18 a 0,95 g kg^{-1} no primeiro corte e de 0,98 a 0,79^{-1} no segundo corte, ou seja, houve decréscimo em função da dose de P aplicada. Já para o solo argiloso o teor de P nas plantas variou de 1,17 a 1,39 g kg^{-1} no primeiro corte e de 0,84 a 1,17 g kg^{-1} no segundo corte.

Corrêa (1991) trabalhou com três espécies de forrageiras em casa de vegetação variando doses de 0 a 560 de P$_2$O$_5$ mg kg^{-1} de solo. Obteve respostas positivas para os três capins, com o incremento de P, sendo observado aumento de produção de massa seca até a dose de 140 mg de P$_2$O$_5$ kg^{-1} de solo. Verificou ainda que na ausência de adubação fosfatada, houve redução do perfilhamento para as três espécies forrageiras, nos dois cortes avaliados.

Sendo assim fica evidenciado com base nos resultados por vários autores que a *Brachiaria brizantha* cv. Marandu responde à adubação fosfatada, principalmente quando se emprega fontes de P solúveis em água e abre novas oportunidades para pesquisas com fontes alternativas de P, como os fosfatos naturais reativos.

3. ARTIGO A: AVALIAÇÃO DE EXTRATORES, FONTES E DOSES DE FÓSFORO NO ESTABELECIMENTO DO CAPIM MARANDU EM SOLOS ARGILOSOS DO NORTE DO PARANÁ

Resumo

O experimento foi conduzido em casa de vegetação na Universidade Estadual de Londrina, com objetivo de avaliar extratores, fontes e doses de fósforo no crescimento do capim Marandu em solos do Paraná. Foram utilizados os solos LATOSSOLO VERMELHO Eutroférrico e NITOSSOLO VERMELHO Eutroférrico, da região norte do Paraná, ambos de textura muito argilosa. O delineamento experimental adotado foi o de blocos casualizados, em arranjo fatorial 2x5, em que os fatores foram duas fontes de P (superfosfato triplo e fosfato de Gafsa) e cinco doses de P (0, 125, 250, 500 e 1000 mg kg^{-1}de P), com quatro repetições. Com relação às avaliações, foram realizados três cortes das plantas do capim Marandu aos 45, 90 e 135 dias após a emergência para determinar produção de massa seca da parte aérea e o teor de fósforo na massa seca. Nos mesmos períodos, coletaram-se amostras de solo para determinar o fósforo disponível pelos extratores Mehlich-1 e resina de troca aniônica. Os resultados indicam que a produção de massa seca da parte aérea do capim Marandu aumentou com o incremento das doses de fósforo, independente da fonte em ambos os solos. O superfosfato triplo resultou em maiores produções de massa seca da parte aérea do capim Marandu apenas no primeiro corte. Nos cortes subseqüentes o efeito do fosfato de Gafsa não diferiu do SFT. O aumento das doses de fósforo proporcionou aumentos nos teores de fósforo na massa seca da parte aérea das plantas do capim Marandu, principalmente para o superfosfato triplo. A resina de troca aniônica correlacionou-se melhor com o teor de fósforo na parte aérea e produção de massa seca do capim Marandu, mostrando-se mais adequada que o extrator Mehlich-1 para avaliar a disponibilidade de fósforo do solo.

Palavras-chave: Pastagem tropical, fonte de fósforo, fósforo disponível.

Abstract

The experiment was conduced in the Londrina State University greenhouse, with the objective to evaluate extractors, sources and doses of phosphorus on the Marandu grass growth in Paraná soils. It was used Eutroferric Red Latossol and Typic Red Alfisol soils of the North region of Paraná, both with very clay texture. The experimental design adopted was randomized blocks, with 2x5 factorial design, in which the factors were two sources of P (triple superphosphate and Gafsa phosphate) and five doses of P (0, 125, 250, 500 and 1000 mg kg^{-1} of P), with four replicates. In the evaluations, three cuts of Marandu grass plants were made on 45, 90 and 135 days after emergence to determinate the matter dry production of the aerial part and the phosphorus levels on the dry matter. In the same periods, soils samples were collected to determinate the available phosphorus by the Mehlich-1 and Ion-exchange resin extractors. Results showed that the dry matter production of the aerial part of Marandu grass increased with the increment of phosphorus doses, independent of the source on both soils. The triple superphosphate resulted on higher productions of dry matter of the aerial part of Marandu grass only on the first cut. On the other cuts, the effect of the Gafsa phosphate did not differ from SFT. The increaseament of phosphorus doses led to increaseaments on the dry matter of the aerial parts of the Marandu grass plants, especially for the triple superphosphate. The ion-exchange resin correlated better with the phosphorus levels on the aerial part and dry matter production of the Marandu grass, proving to be more adequate than the Mehlich-1 extractor to evaluate the phosphorus availability on soil.

Keywords: tropical pasture, phosphorus source, available phosphorus.

Introdução

No cenário atual da bovinocultura de corte, o Brasil destaca-se por apresentar o maior rebanho bovino comercial do mundo. O estado do Paraná é o sétimo maior produtor no ranking nacional, e o rebanho paranaense representa 5% do rebanho nacional. A região norte do estado destaca-se nesta atividade, sendo apontada como uma atividade expressiva, porém com rebanho bem menor do que os de outras regiões do estado (MEZZADRI, 2007).

De maneira geral a bovinocultura paranaense está baseada na utilização de pastagens, que na maioria das propriedades apresenta baixa produtividade, por estar localizada em áreas de solos de baixa fertilidade. Entre as espécies forrageiras utilizadas para formação das pastagens, destacam-se as gramíneas do gênero *Brachiaria*, em especial a *Brachiaria brizantha* Hochst Stapf cv. Marandu, a qual tem apresentado ampla adaptação às mais variadas condições de solo e de clima.

Dentre as limitações para o estabelecimento das pastagens, WERNER (1986) verificou que o fósforo (P), depois da água e do nitrogênio é o nutriente mais limitante a produção das plantas forrageiras. A baixa disponibilidade de P no solo compromete não apenas o estabelecimento das plantas, como também reduz a produtividade e o valor nutritivo das forrageiras, prejudicando o desempenho animal. Além disso, a carência de P causa severos distúrbios no metabolismo e desenvolvimento das plantas forrageiras reduzindo o perfilhamento e retardando o seu desenvolvimento possibilitando o aparecimento de espécies de plantas daninhas nas pastagens.

MARUN & ALVES (1996) constataram que a maior dificuldade de estabelecimento do capim Marandu estava diretamente relacionada à baixa disponibilidade de P nos solos. Isso se explica pela forte interação entre partículas do solo e o íon fosfato, que acaba por reduzir a disponibilidade de P para as plantas. O P é encontrado na solução do solo como íon $H_2PO_4^-$, sendo que a predominância desta forma depende do pH do meio (RAIJ, 1991, ARAÚJO & MACHADO, 2006). Por outro lado, vários trabalhos já registraram aumentos de produção de massa seca da parte aérea deste capim em resposta a adubação fosfatada (FONSECA et al., 1988; GUSS et al., 1990; HOFFMANN et al., 1995).

As fontes de P mais utilizadas na atualidade da agricultura brasileira são os fosfatos solúveis em água, tais como o superfosfatos simples e triplo (SFT) e o fosfato monoamônico (MAP). Existem outros adubos disponíveis, tais como os termofosfatos, multifosfatos, fosfatos naturais e os fertilizantes fosfatados parcialmente acidulados, que são de utilização mais restrita. Para contornar o problema dos elevados custos dos fosfatos solúveis vem sendo avaliado há algum tempo o uso dos fosfatos naturais reativos, destacando-se os de origem sedimentar, como é o caso do o fosfato natural reativo de Gafsa, proveniente da Tunísia na África. A eficiência deste fosfato é superior a da maioria dos fosfatos naturais brasileiros que são de origem ígnea (MACEDO, 1985). Por causa desta maior reatividade, o fosfato de Gafsa apresenta eficiência similar ou superior à do superfosfato triplo, quando aplicado a lanço e incorporado em área total, tanto para culturas anuais como para pastagens (OLIVEIRA et al., 1984; COUTINHO et al., 1991; KORNDÖRFER et al., 1999), entretanto ressalta-se que outros pesquisadores como MACEDO, (1985), GOEDERT et al., (1990) e COUTINHO et al., (1991) obtiveram resultados contrários aos indicados anteriormente.

A eficiência dos fosfatos naturais depende de fatores relacionados às suas características intrínsecas, bem como das propriedades do solo, práticas de manejo e características específicas das plantas (KHASAWNWEH & DOLL, 1978; CHIEN & MENON, 1995; RAJAN, et al., 1996). ENGELSTAD & TERMAN (1980), verificaram que a eficiência dos fosfatos naturais variou de solo para solo, em função das características mineralogias e granulométricas dos mesmos. YOST et al. (1981) verificaram que a principal causa da baixa eficiência de aproveitamento dos fertilizantes fosfatados está ligada à complexa dinâmica do P no solo, especialmente nas condições de solos mais intemperizados, com alta capacidade de fixação. Nestes solos a fixação do P pode ser caracterizada como forte dreno, pois boa parte do P adicionada via adubos é fortemente retida à fase sólida, com baixa possibilidade de retorno às formas disponíveis (NOVAIS, SMYTH, 1999). Como indicado por SOUZA & VOLKWEISS (1987), os mecanismos de retenção do P são influenciados pelo tipo de fertilizante empregado (solubilidade, constituintes minerais, granulométria), cátions presentes na solução do solo e principalmente pelo conteúdo e constituição mineralógica da fração argila. O fosfato de Gafsa por apresentar solubilização lenta e progressiva, libera e aumenta de forma gradativa disponibilidade de P para as plantas, e pode ser indicado como possível substituto dos fosfatos solúveis em adubações de pastagens.

A disponibilidade de P no solo para as plantas é avaliada por meio de extratores químicos. Os diferentes métodos de extração de P retiram do solo quantidades diferentes de P. Este comportamento dos extratores está diretamente relacionado com a sua natureza química, às propriedades físicas e químicas do solo e às formas em que o P se encontra no solo (BRAY, 1945) e tem dificultado a comparação de resultados analíticos, uma vez que nem sempre se correlacionam significativamente entre si (RAIJ, 1991).

No Brasil, o método de extração mais utilizado emprega a solução extratora Mehlich-1 (MEHLICH, 1953), que resulta da mistura dos ácidos sulfúrico e clorídrico (HCl $0,05$ mol L^{-1} + H_2SO_4 $0,0125$ mol L^{-1}). Caracteriza-se por ser um extrator ácido, simples e de fácil utilização em análises de solo de rotina. Entretanto, apresenta baixa capacidade extrativa do P em solos tropicais ricos em óxidos de ferro e alumínio, pois extrai preferencialmente o fósforo ligado a cálcio e apenas uma pequena quantidade do fósforo ligado a ferro e alumínio.

Em solos argilosos, os extratores ácidos podem subestimar o teor do P disponível, mesmo quando o histórico da área indica ausência de respostas de plantas à adubação fosfatada (RAIJ et al., 1986). A utilização da resina de troca aniônica corrige ou minimiza os problemas apresentados pelos extratores ácidos por não ter seu poder de extração alterado em solos com alto fator capacidade, e também por não ser sensível às formas não-lábeis, como as de P ligado ao cálcio (RAIJ et al., 1982). Há indicações de que a resina de troca aniônica apresenta melhor correlação com as respostas das plantas à adubação fosfatada, além de não incluir na sua composição nenhum agente químico de ação específica sobre os fosfatos do solo (RAIJ et al., 1984).

Com o presente trabalho objetivou-se avaliar o efeito de extratores, fontes e doses de fósforo no estabelecimento da *Brachiaria brizantha* cv. Marandu em dois solos argilosos da região Norte do estado do Paraná.

Material e Métodos

O experimento foi conduzido em casa de vegetação na Universidade Estadual de Londrina (PR), com coordenadas geográficas 23°23' de latitude S e 51°11' de longitude W, altitude média 566m, no período de janeiro a maio de 2006. Foram selecionados dois solos da região norte do estado do Paraná, com características físico-químicas distintas (Tabela 3.1) que foram classificados como LATOSSOLO VERMELHO Eutroférrico (LVef) e NITOSSOLO VERMELHO Eutroférrico (NVef) (EMBRAPA, 2006), ambos com textura muito argilosa.

Para instalação do experimento foram coletadas amostras de terra da camada superficial (0 – 20 cm) de cada solo. As amostras coletadas foram secadas ao ar, destorroadas, peneiradas (4 mm), homogeneizadas e amostradas para análises granulométricas (EMBRAPA, 1997) e para avaliação da fertilidade (IAPAR, 1992).

O delineamento experimental adotado foi o de blocos casualizados, em arranjo fatorial 2x5, em que os fatores foram duas fontes de P (superfosfato triplo e fosfato de Gafsa) e cinco doses de P (0, 125, 250, 500 e 1000 mg kg^{-1}de P), com quatro repetições. Os adubos fosfatados correspondentes a cada tratamento foram aplicados nas amostras de cada solo que em seguida foram acondicionados em vasos com capacidade para 4 kg de terra. Imediatamente após a aplicação dos adubos fosfatados realizou-se uma adubação básica de semeadura aplicando-se via solução 100 mg kg^{-1} de N [NH_4NO_3 e $(NH_4)_2SO_4$ p.a.], 200 mg kg^{-1} de K (KCl p.a.), 40 mg kg^{-1} de S [$(NH_4)_2SO_4$ p.a.], 1,2 mg kg^{-1} de Cu ($CuSO_4.5H_2O$ p.a.), 0,8 mg kg^{-1} de B (H_3BO_3 p.a.), 1,5 mg kg^{-1} de Fe ($FeCl_3.6H_2O$ p.a.), 3,5 mg kg^{-1} de Mn ($MnCl_2.6H_2O$ p.a.), 0,15 mg kg^{-1} de Mo ($NaMoO_4.2H_2O$ p.a.) e 4 mg kg^{-1} de Zn ($ZnSO_4.7H_2O$ p.a.), omitindo o P, como indicado por NOVAIS (1991). Procedeu-se em seguida a irrigação dos vasos com uma quantidade de água equivalente a 60% do volume total de poros. Uma semana após, procedeu-se a semeadura do capim marandu distribuindo-se aproximadamente 40 sementes por vaso. Dez dias depois da emergência das plântulas, fez-se o desbaste deixando cinco plantas por vaso.

Tabela 3.1. Resultados das análises físicas, químicas e mineralógicas das amostras dos solos utilizados, antes da instalação do experimento

Características	Solos	
	LVef	NVef
Areia (g kg^{-1})^1	8,00	118,00
Silte (g kg^{-1})^1	339,00	186,00
Argila (g kg^{-1})^1	654,00	696,00
pH (CaCl$_2$ 0,01 mol L^{-1})	5,00	4,70
Al^{3+} (cmol$_c$ dm^{-3})^2	0,14	0,22
H$^+$ + Al^{3+} (cmol$_c$ dm^{-3})	5,76	6,21
C (g kg^{-1})^3	17,30	14,90
P Mehlich-1 (mg dm^{-3})	1,30	2,20
P resina (mg dm^{-3})	2,00	6,00
K$^+$ (cmol$_c$ dm^{-3})^4	0,51	0,55
Ca^{2+} (cmol$_c$ dm^{-3})^2	7,40	5,30
Mg^{2+} (cmol$_c$ dm^{-3})^2	1,00	2,40
V (%)	61,00	57,00
CTC (cmol$_c$ dm^{-3})	14,67	14,46
P-remanescente (mg dm^{-3})^5	6,80	5,80
CMAP (mg g^{-1})^6	1,26	1,33
EA (L mg^{-1} de P)^7	0,42	0,30

[1] EMBRAPA (1997); [2] KCl 1,0 mol L^{-1}; [3] Walkey-Black; [4] Extrator Mehlich-1; [5] CaCl$_2$ 0,01 mol L^{-1} + 60 mg L^{-1} de P; [6] CMAP = capacidade máxima de adsorção de fósforo; [7] EA = energia de adsorção.

Os cortes da parte aérea das plantas foram realizados aos 45, 90 e 135 dias após a emergência (DAE). Após o primeiro e o segundo corte, foram realizadas adubação de cobertura aplicando 50 mg kg^{-1} de N (NH$_4$NO$_3$ p.a.) e 100 mg kg^{-1} de K (KCl p.a.).

Os cortes foram realizados com tesoura de poda, cortando-se as plantas a 5,0cm da superfície do solo de cada vaso. Logo após o corte, o material vegetal colhido foi identificado e encaminhado para o laboratório onde foi lavado e secado em estufa com circulação forçada de ar, com temperatura constante de 65ºC, até obtenção de massa seca. Determinou-se a produção de massa seca da parte aérea pesando-se o material vegetal colhido dos vasos, a cada corte realizado.

Para determinação dos teores de P na massa seca da parte aérea, o material seco, foi moído em moinho do tipo Willey. Posteriormente, os materiais moídos foram acondicionados em recipientes de vidro com tampa e armazenado até a realização das análises químicas. O teor de P na matéria seca da parte aérea das plantas foi determinado após a obtenção do extrato nitro-perclórico (BATAGLIA et al. 1983) e dosado por colorimetria (BRAGA & DEFELIPO, 1974).

Nos mesmos dias dos cortes (45, 90 e 135 DAE) foram realizadas coletas de amostras de solo de cada vaso. As amostras foram secas ao ar, passadas em peneira com malha de 2 mm e submetidas à análises químicas para avaliação da disponibilidade de P pelos extratores Mehlich-1 e resina. A quantificação do P extraído com a solução extratora Mehlich-1 foi realizada de acordo com a metodologia descrita em IAPAR (1992) e o extraído com a resina de troca aniônica de acordo com RAIJ et al. (1986).

Os dados referentes à produção de massa seca da parte aérea, teores de P na massa seca da parte aérea e teores de P no solo (Mehlich-1 e resina), para cada corte, foram submetidos à análises de variância e ajustados equações de regressão. Quando indicado, as médias foram comparadas pelo teste Tukey a 5% de probabilidade e para seleção das equações de regressão, foram considerados os modelos significativos e com os maiores coeficientes de determinação (R^2). Para realização das análises estatísticas utilizou-se o programa SISVAR (SISVAR, 1999).

Resultados e Discussão

Produção de massa seca da parte aérea

A produção de massa seca da parte aérea (MSPA) da *Brachiaria brizantha* cv. Marandu (capim Marandu) foi baixa nos tratamentos que não receberam adubação fosfatada (testemunha) e aumentou com as doses de P. Os valores variaram de 1,0 a 20,6 e 1,2 a 24,4 g/vaso, respectivamente, para os solos LVef e NVef, como apresentado na Tabela 3.2. Os baixos valores observados no tratamento testemunha, principalmente no primeiro corte, podem ser atribuídos à baixa fertilidade inicial de cada solo (Tabela 3.1), onde a ausência de suprimento de P além de diminuir a produção de MSPA, influenciou diretamente nos processos de transferência de energia, translocação de fotoassimilados e muitos outros processos metabólicos de relevância onde o P é exigido. Outro fator que pode ter contribuído foi menor desenvolvimento do sistema radicular, o qual garante um bom desenvolvimento e boa formação e sustentação da planta, favorecendo desta forma os processos iônicos e de transporte no solo (TERUEL et al., 2000).

Com relação aos cortes, a ordem decrescente de produção de MSPA foi à seguinte: 90 > 45 > 135 DAE para os dois solos estudados (Tabela 3.2). As maiores produções obtidas no corte realizado aos 90 DAE estão diretamente relacionadas ao sistema radicular do capim Marandu que nesta fase já se encontrava estabelecido e com capacidade para explorar todo o volume de solo do vaso, tendo à sua disposição um bom suprimento de nutrientes, principalmente para o solo NVef, onde obteve-se as maiores produções de MSPA.

Tabela 3.2. Valores médios para produção de massa seca da parte aérea do capim Marandu nos cortes realizados aos 45, 90 e 135 DAE em função da aplicação de doses e fontes de fósforo em dois solos argilosos do Paraná

Dose de P (mg kg⁻¹)	Cortes					
	45 DAE		90 DAE		135 DAE	
	Gafsa	SFT	Gafsa	SFT	Gafsa	SFT
	LVef					
	g/vaso					
0	1,0 a[1]	1,1 a	4,2 a	3,5 a	2,5 a	2,9 a
125	13,1 a	15,6 a	17,7 a	21,6 a	8,5 a	9,3 a
250	14,0 b	15,4 a	17,0 a	19,1 a	8,6 a	8,8 a
500	13,1 b	16,2 a	17,9 a	20,6 a	10,2 a	9,9 a
1000	13,2 b	18,1 a	19,1 a	21,0 a	9,0 a	9,2 a
CV (%)	7,39		16,36		18,37	
	NVef					
	g/vaso					
0	1,2 a	1,5 a	9,2 a	10,0 a	6,5 a	6,4 a
125	15,1 a	16,3 a	21,7 a	21,4 a	10,1 a	10,8 a
250	14,8 b	18,6 a	21,6 a	20,9 a	10,3 a	8,9 a
500	15,3 b	18,3 a	22,1 a	23,3 a	10,7 a	11,6 a
1000	15,4 b	19,7 a	20,4 b	24,4 a	10,8 a	11,1 a
CV (%)	8,70		7,71		10,15	

[1] Médias seguidas da mesma letra na linha para cada corte, não diferem (P>0,05) pelo teste de Tukey.

Observou-se que houve diferenças entre as fontes estudadas, onde o SFT proporcionou as maiores produções de MSPA apenas no primeiro corte. Estes resultados podem ser atribuídos a dois fatores: a) maior liberação de P oriundo da fonte solúvel, o qual foi mais eficiente no fornecimento imediato de P para as plantas e b) desenvolvimento do sistema radicular, ou seja, o capim Marandu ainda não dispunha de sistema radicular suficientemente desenvolvido aos 45 DAE, o que deve ter afetado principalmente a utilização do P nos tratamentos com fosfato de Gafsa. Esta também é a explicação que pode ser apresentada para justificar o desaparecimento da diferenças entre fontes a partir do segundo corte. Resultados similares foram observados por SANZONOWICZ et al. (1987) quando avaliaram a eficiência de diferentes fontes de P na produção de MSPA de *Brachiaria decumbens* e verificaram que o superfosfato simples apresentou melhor desempenho do que o fosfato de Gafsa.

O desaparecimento das diferenças entre as fontes de P observado a partir do segundo corte pode ser considerado com um resultado positivo e promissor, uma vez que indica a possibilidade de utilizar o fosfato de Gafsa como fonte de P para adubação de pastagens formadas com o capim Marandu. Estes resultados estão de acordo com o que foi observado por LÉON & FENSTER (1980) que obtiveram aumentos na produção de MSPA para a *Brachiaria decumbens* com o uso de fosfato de Gafsa finamente moído em experimentos realizados na Colômbia. SOARES et al. (2000) também obtiveram maiores produções de MSPA da *Brachiaria decumbens* com utilização do fosfato de Gafsa em relação ao SFT, incorporados em Latossolo Vermelho distrófico.

A equiparação de valores de produção de MSPA observada nos tratamentos onde se utilizou o fosfato de Gafsa pode ser atribuída ainda a um possível efeito benéfico da reação do solo, cujo valor do pH em $CaCl_2$ 0,01mol L^{-1} em ambos os solos foram $\leq$ 5,0 (Tabela 3.1), indicando reação ácida, que acabou por favorecer a solubilização deste fosfato, como indicam os trabalhos de GOEDERT & LOBATO (1984), HAMMOND et al. (1986), SANZONOWICZ & GOEDERT (1986) e SOARES et al. (2000) que verificaram que em ambiente de solos ácidos a liberação do P do fosfato de Gafsa se dá de forma mais rápida.

O capim Marandu respondeu positivamente com aumento da produção de MSPA ao efeito das doses de P testadas neste estudo (Tabela 3.3). Aos aumentos observados, se ajustaram equações de regressão conforme o modelo $\hat{y} = a + bx^{0,5} + cx$, com altos valores para o coeficiente de determinação (Tabela 3.3). Isto indica um vigoroso aumento da produção de MSPA logo nas primeiras doses e estabilização a partir de um determinado nível de P no solo. Para o solo LVef os valores que definiram a máxima produção de MSPA foram com a dose de 675,1 e 650,4 mg kg^{-1} de P, para as fontes SFT e fosfato de Gafsa, respectivamente, no primeiro corte. Nos cortes subseqüentes, verificou-se resposta apenas para as doses de P, onde a produção máxima foi obtida com as doses de 555,3 e 523,0 mg kg^{-1} de P, para 90 e 135 DAE, respectivamente.

Para o solo NVef a produção máxima foi obtida no primeiro corte com as doses de 601,0 e 522,1 mg kg^{-1} de P, para as fontes SFT e fosfato de Gafsa, respectivamente, e no segundo corte 732,8 e 454,4 mg kg^{-1} de P, respectivamente. No terceiro, observou-se resposta similar ao LVef, verificando-se apenas resposta para as doses de P, onde a produção máxima foi obtida com a dose de 662,7 mg kg^{-1} de P.

Tabela 3.3. Equações de regressão ajustadas para a produção de massa seca da parte aérea do capim Marandu nos cortes realizados aos 45, 90 e 135 DAE em função da aplicação de doses e fontes de fósforo em dois solos argilosos do Paraná

Cortes	Fonte	Equação de regressão	R^2	Dose máxima —— mg kg^{-1} ——
		LVef		
45 DAE	Gafsa [1]	$\hat{y} = 1,6982 + 0,9283x^{0,5} - 0,0182x$	0,8250	650,4
	SFT	$\hat{y} = 1,5926 + 1,2783x^{0,5} - 0,0246x$	0,9634	675,1
90 DAE	- [2]	$\hat{y} = 4,6518 + 1,3997x^{0,5} - 0,0297x$	0,9174	555,3
135 DAE	-	$\hat{y} = 2,8047 + 0,6312x^{0,5} - 0,0138x$	0,9709	523,0
		NVef		
45 DAE	Gafsa	$\hat{y} = 1,7884 + 1,3225x^{0,5} - 0,02894x$	0,9461	522,1
	SFT	$\hat{y} = 1,9442 + 1,5101x^{0,5} - 0,0308x$	0,9703	601,0
90 DAE	Gafsa	$\hat{y} = 9,649 + 1,2662x^{0,5} - 0,0297x$	0,9642	454,4
	SFT	$\hat{y} = 10,3709 + 1,0395x^{0,5} - 0,0192x$	0,9609	732,8
135 DAE	-	$\hat{y} = 6,5805 + 0,3501x^{0,5} - 0,0068x$	0,9138	662,7

[1] Efeito de fonte e dose de fósforo; [2] Efeito geral das doses de fósforo.

Pode-se observar que o efeito das doses de P foi mais expressivo no segundo corte. Este resultado pode ser considerado como outro resultado positivo e relevante deste estudo, pois indica que a máxima produção de MSPA do capim Marandu, expressão do seu potencial genético, pode ser obtida com baixas doses de P, utilizando um fosfato natural reativo como o de Gafsa. Para os pecuaristas isto é muito bom, pois estes resultados podem significar uma grande redução nos custos de implantação e manutenção das pastagens formadas com capim Marandu. Resultados que se assemelham a estes já foram obtidos por outros pesquisadores como WERNER & HAAG (1972) e SOUZA et al. (1999) que avaliaram o efeito da aplicação de P na produção de MSPA da braquiaria e verificaram que esta aumentou linearmente em função do aumento das doses de P, porém, indicando apenas que as doses de P utilizadas no experimento não foram suficientes para expressão máxima do potencial genético das cultivares testadas. GHERI et al. (2000), também observaram aumentos na produção de MSPA do *Panicum maximum* em função da aplicação de doses de P, mas não definiram as dose mais adequadas.

Os valores mínimos para dose de P que definiram a produção máxima de massa seca da parte aérea do capim Marandu, estão de acordo com resultados encontrados na literatura para diversas espécies do gênero *Brachiaria*. Neste sentido, podem ser citados os resultados obtidos em trabalhos conduzidos em ambiente de casa de vegetação, à semelhança do que foi realizado neste estudo. A máxima produção de MSPA das plantas forrageiras testadas foram obtidas com dose em torno de 140 mg kg^{-1} de P (CORRÊA & HAAG, 1993), 150 a 400 mg kg^{-1} de P (GUSS, 1990), 170 a 250 mg kg^{-1} de P (MELO et al., 2007), 171 a 305 mg kg^{-1} de P (MESQUITA et al., 2004) e até 684 mg kg^{-1} de P (FONSECA et al., 1988).

Teores de fósforo na massa seca da parte aérea

Os teores médios de P na MSPA do capim Marandu variaram de 0,21 a 4,78 e 0,16 a 3,49 g kg^{-1}, respectivamente, para os solos LVef e NVef, conforme apresentado na Tabela 3.4. Pode-se considerar que estes resultados estão dentro da faixa de teores observados em muitos trabalhos encontrados na literatura específica. Como comparação no trabalho de CORRÊA & HAAG (1993) com a *Brachiaria brizantha* cv. Marandu obtiveram teores de P na MSPA que variaram de 0,57 a 18,80 g kg^{-1}. Para a *Brachiaria decumbens*, ROSSI & MONTEIRO (1999) encontraram valores médios que variara de 0,70 a 6,80 g kg^{-1}. No entanto, MARSCHNER (1995) indica que teores de P variando de 3,0 a 5,0 g kg^{-1} na matéria seca são ideais para o bom desenvolvimento das plantas.

Quando se compara o teor de P da MSPA do capim Marandu obtido com as duas fontes de P testadas neste estudo, verifica-se que houve diferença significativa (P<0,01) (Tabela 3.4), caracterizada pela maior eficiência da fonte solúvel, ou seja, o SFT. Este efeito está diretamente associado à maior velocidade de liberação do P pelo SFT o que minimiza competição solo/planta pelo fósforo solúvel, pois segundo NOVAIS & SMYTH (1999), a fixação do fósforo pelos colóides do solo se dá de forma preferencial em relação ao dreno planta.

Os teores de P da MSPA do capim Marandu, para os dois solos estudados decresceram na ordem 135 > 45 > 90 DAE, como apresentado na Tabela 3.4.

Tabela 3.4. Valores médios para fósforo na massa seca da parte aérea do capim Marandu nos cortes realizados aos 45, 90 e 135 DAE em função da aplicação de doses e fontes de fósforo em dois solos argilosos do Paraná

Dose de P (mg kg⁻¹)	Cortes					
	45 DAE		90 DAE		135 DAE	
	Gafsa	SFT	Gafsa	SFT	Gafsa	SFT
	LVef					
	g kg⁻¹					
0	1,04 a[1]	1,11 a	0,21 a	0,21 a	0,56 a	0,61 a
125	1,72 a	1,53 a	0,42 a	0,36 a	1,96 a	1,62 b
250	1,99 a	1,60 b	0,40 a	0,45 a	2,37 a	2,51 a
500	1,88 b	2,23 a	0,43 a	0,54 a	2,31 b	3,57 a
1000	1,88 b	3,37 a	0,45 b	0,75 a	2,84 b	4,78 a
CV (%)	11,47		10,41		12,56	
	NVef					
	g kg⁻¹					
0	1,70 a	1,38 b	0,23 a	0,16 a	0,81 a	0,63 a
125	1,51 a	1,10 b	0,34 a	0,30 a	1,57 a	1,25 b
250	1,68 a	1,42 b	0,41 a	0,38 a	1,71 a	1,87 a
500	1,51 b	1,85 a	0,50 a	0,50 a	2,02 a	2,13 a
1000	1,60 b	2,91 a	0,55 a	0,76 a	2,30 b	3,49 a
CV (%)	11,13		10,07		11,24	

[1] Médias seguidas da mesma letra na linha para cada corte, não diferem (P>0,05) pelo teste de Tukey.

Estes resultados indicam que os menores teores de P na MSPA do capim Marandu foram observados no corte realizado aos 90 DAE, entretanto, as maiores produções de MSPA também ocorreram neste corte, ou seja, a redução no teor de P na MSPA se deu em função do efeito diluição do P no tecido vegetal da forrageira. Resultados semelhantes forma encontrados por ROSSI & MONTEIRO (1999) e SANTOS et al., (2002). Estes autores verificaram decréscimo nos teores de P na MSPA com o crescimento e desenvolvimento da planta, evidenciando a menor exigência em P após o estabelecimento. Entretanto, o efeito contrário também ocorreu, ou seja, nos tratamentos com menores produções houve aumentos do teor de P na MSPA, devido a concentração do P em uma massa menor de tecidos vegetais.

Quanto ao efeito de doses de P, nos três cortes avaliados, o modelo raiz quadrada foi o que melhor se ajustou aos dados de teores de P na MSPA (Tabela 3.5).

Tabela 3.5. Equações de regressão ajustadas para os teores de fósforo na massa seca da parte aérea do capim Marandu nos cortes realizados aos 45, 90 e 135 DAE em função da aplicação de doses e fontes de fósforo em dois solos argilosos do Paraná

Corte	Fonte	Equação de regressão	R^2	Dose máxima —— mg kg^{-1} ——
		LVef		
45 DAE	Gafsa	$\hat{y} = 1,0523 + 0,0810x^{0,5} - 0,0018x$	0,9620	506,3
	SFT	$\hat{y} = 1,130938 + 0,002226x$	0,9927	-
90 DAE	Gafsa	$\hat{y} = 0,2174 + 0,0180x^{0,5} - 0,0004x$	0,9355	506,3
	SFT	$\hat{y} = 0,2108 + 0,0111x^{0,5} + 0,0002x$	0,9981	770,1
135 DAE	Gafsa	$\hat{y} = 0,5596 + 0,1247x^{0,5} - 0,0017x$	0,9619	1345,2
	SFT	$\hat{y} = 0,5970 + 0,1175x^{0,5} + 0,005x$	0,9984	138,1
		NVef		
45 DAE	Gafsa	$\hat{y} = 1,60$	-	-
	SFT	$\hat{y} = 1,3552 - 0,0495x^{0,5} + 0,0031x$	0,9922	63,7
90 DAE	Gafsa	$\hat{y} = 0,2211 + 0,0127x^{0,5} - 0,0006x$	0,9847	112,0
	SFT	$\hat{y} = 0,1581 + 0,0087x^{0,5} + 0,00033x$	0,9984	173,8
135 DAE	Gafsa	$\hat{y} = 0,8173 + 0,0717x^{0,5} - 0,00079x$	0,9965	-
	SFT	$\hat{y} = 0,6407 + 0,0421x^{0,5} + 0,0015x$	0,9827	196,9

De maneira geral, o teor foliar de P aumentou em função do aumento das doses de fósforo utilizadas na adubação do solo. Excluindo o efeito diluição, verifica-se que os aumentos nos teores de P na MSPA do capim Marandu ocorreram de forma intensiva logo com as primeiras doses de P, independentemente da fonte utilizada. Trabalhos realizados por outros pesquisadores com diversas gramíneas forrageiras têm indicando efeitos positivos do acúmulo de P na MSPA em resposta a doses de fertilizantes fosfatados (MARTINEZ, 1980; COSTA et al., 1983; GOMIDE et al., 1986; FONSECA et al., 1988; GUSS et al., 1990; CORRÊA, 1991; HOFFMANN, 1992; RAO et al., 1996 e ROSSI & MONTEIRO, 1999).

Extratores de fósforo

Os resultados para avaliação do P disponível, independentemente do solo e do extrator testado foram influenciados pelas fontes e doses de P. Os teores médios de P disponível no solo variaram $0,5 - 784,7$ mg dm^{-3} para o extrator Mehlich-1 (M-1) e de $2,0 - 420$ mg dm^{-3} para a resina no LVef e de $1,2 - 628,1$ mg dm^{-3} para o extrator M-1 e de $3,5 - 409,5$ mg dm^{-3} para a resina no NVef, como apresentado nas Tabelas 3.6 e 3.7. Os resultados indicam que o extrator M-1 apresentou maior capacidade de extração de P do que a resina. Estas diferenças observadas podem ser atribuídas ao modo de ação dos extratores. O M-1, por ser um extrator ácido extrai formas de P ligadas principalmente ao cálcio, inclusive as não disponíveis às plantas. Por outro lado, a ação da resina assemelha-se mais à ação das raízes dos vegetais, extrai diferentes formas de P do solo e apresenta melhor correlação com as quantidades de P absorvidas pelas plantas (SILVA & RAIJ, 1999).

Nos solos LVef e NVef, não foram detectadas diferenças significativas (P>0,05) entre os extratores para doses de P inferiores a 250 mg kg^{-1} em nenhum dos cortes realizados (Tabelas 3.6 e 3.7). Entretanto para doses maiores, em ambos extratores, os maiores teores de P foram obtidos nas amostras que receberam adubação com o fosfato de Gafsa. Estes resultados estão de acordo com as observações de SANZONOWICZ et al. (1987), que indicam a inadequação do uso do extrator M-1 para avaliar a disponibilidade de P em amostras de solos recém adubados com fosfato natural. Os maiores valores obtidos com a resina foram para as doses de 500 e 1000 mg kg^{-1} de P. Resultados encontrados por RAIJ et al. (1986) indicam que a utilização da resina de troca aniônica corrige ou minimiza os problemas apresentados pelos extratores ácidos por não ter seu poder de extração alterado em solos com maior fator capacidade, e também por não ser sensível às formas não-lábeis.

Por outro lado, pode-se inferir que a resina mostrou-se mais adequada que o extrator M-1 para avaliar a disponibilidade de P do solo neste estudo, pois, embora não tenha detectado diferenças entre as fontes de P para os teores de P do solo, quando se utilizou dose baixa de fertilizante, nas doses mais altas observou-se a tendência do M-1 superestimar a disponibilidade de P, como indicado por NOVAIS & KAMPRATH (1978). Estes resultados estão de acordo com o que foi verificado por RAIJ & DIEST (1980), CABALA & WILD (1982), BRAGA et al. (1991) e HOLANDA et al. (1995), que também consideraram a resina como extrator mais adequado para estimar a disponibilidade de P em solos adubados com diferentes fontes de fosfato.

Tabela 3.6. Teores médios para fósforo no solo para o extrator Mehlich-1 em dois solos argilosos do Norte do estado do Paraná cultivados com *Brachiaria brizantha* cv. Marandu em resposta à aplicação de doses e fontes de fósforo

Dose de P (mg kg^{-1})	Mehlich-1					
	45 DAE		90 DAE		135 DAE	
	Gafsa	SFT	Gafsa	SFT	Gafsa	SFT
	LVef					
	mg dm^{-3}					
0	1,3 a[1]	1,5 a	0,7 a	0,9 a	0,5 a	1,0 a
125	27,4 a	10,9 a	20,1 a	33,4 a	17,7 a	10,4 a
250	103,3 a	40,6 b	81,0 a	23,0 a	76,6 a	13,0 a
500	304,7 a	69,1 b	232,3 a	50,3 b	243,3 a	40,0 b
1000	665,0 a	189,5 b	691,6 a	187,4 b	784,7 a	217,4 b
CV(%)	26,8		45,6		35,6	
	NVef					
	mg dm^{-3}					
0	2,8 a	1,7 a	2,1 a	1,2 a	1,7 a	1,5 a
125	29,4 a	10,9 a	17,1 a	13,0 a	14,4 a	9,9 a
250	90,2 a	31,3 a	57,7 a	42,3 a	38,2 a	20,0 a
500	255,2 a	66,9 b	150,2 a	80,7 b	108,2 a	38,5 b
1000	579,3 a	216,4 b	401,5 a	230,7 b	628,1 a	201,7 b
CV(%)	33,1		47,6		44,1	

[1] Médias seguidas da mesma letra na linha para cada corte, não diferem (P>0,05) pelo teste de Tukey.

Considerando os diferentes períodos de amostragem (cortes), os maiores valores de P disponível foram obtidos nas avaliações feitas aos 135 DAE para fosfato de Gafsa, independentemente do solo ou extrator considerado. Estes aumentos ocorreram de forma mais evidente nos tratamentos com as doses de 500 e 1000 mg kg^{-1} de solo. Provavelmente, os baixos valores de pH destes solos favoreceram a solubilização do fósforo principalmente no caso do fosfato de Gafsa. De acordo com NOVELINO et al., (1985), a acidez do solo acelera o processo de dissolução do fosfato natural e aumenta a disponibilidade de P proveniente deste fertilizante, principalmente quando o pH fica abaixo de 5,2.

Tabela 3.7. Teores médios para fósforo no solo avaliados com a resina de troca aniônica em dois solos argilosos do Norte do estado do Paraná cultivados com *Brachiaria brizantha* cv. Marandu, em resposta à aplicação de doses e fontes de fósforo

Dose de P (mg kg^{-1})	Resina de troca aniônica					
	45 DAE		90 DAE		135 DAE	
	Gafsa	SFT	Gafsa	SFT	Gafsa	SFT
	LVef					
	mg dm^{-3}					
0	2,0 a[1]	2,0 a	4,0 a	3,3 a	2,0 a	2,0 a
125	122,3 a	21,3 b	25,8 a	45,0 a	33,8 a	14,8 a
250	134,0 a	89,3 a	84,8 a	45,0 a	67,3 a	27,3 a
500	196,0 a	141,8 a	173,0 a	111,0 b	192,8 a	86,5 b
1000	385,0 a	316,0 a	301,0 a	304,5 a	420,0 a	276,5 b
CV(%)	37,8		38,6		24,7	
	NVef					
	mg dm^{-3}					
0	5,3 a	7,3 a	7,8 a	5,3 a	3,5 a	4,5 a
125	40,3 a	25,8 a	23,0 a	28,0 a	7,0 a	5,0 a
250	88,3 a	72,8 a	74,5 a	76,3 a	63,0 a	37,0 a
500	190,8 a	146,8 b	155,8 a	187,5 a	187,3 a	112,8 b
1000	338,3 a	297,3 b	224,0 a	231,0 a	409,5 a	345,3 b
CV(%)	15,6		24,3		25,8	

[1] Médias seguidas da mesma letra na linha para cada corte, não diferem (P>0,05) pelo teste de Tukey.

Quando se considera isoladamente o efeito de doses, para cada fonte e época de corte, verifica-se que os melhores ajustes foram obtidos com a utilização de equações de regressão do tipo $\hat{y} = a + bx$ e $\hat{y} = a + bx^{0,5} + cx$, dependendo da combinação considerada. Na maioria das vezes estes ajustes apresentaram elevados valores de coeficientes de determinação (R^2) indicando a adequação dos modelos (Tabelas 3.8 e 3.9). Pode-se observar, para ambos os extratores, a dose máxima variou de 12 a 203 mg kg^{-1} de P na três coletas de solo avaliadas.

Tabela 3.8. Equações de regressão para os teores de fósforo no LATOSSOLO VERMELHO Eutroférrico cultivado com *Brachiaria brizantha* cv. Marandu em função das doses de fósforo, época de corte e extrator utilizado

Corte	Fonte	Equação de regressão	R^2	Dose máxima —— mg kg^{-1} ——
		Mehlich-1		
45 DAE	Gafsa	$\hat{y} = -1,61 - 6,9143x^{0,5} + 0,8904x$	0,9988	15,1
	SFT	$\hat{y} = 3,013 - 2,1535x^{0,5} + 0,2512x$	0,9904	18,4
90 DAE	Gafsa	$\hat{y} = 7,942 - 12,7382x^{0,5} + 1,076x$	0,9957	35,0
	SFT	$\hat{y} = -8,0988 + 0,17893x$	0,9145	-
135 DAE	Gafsa	$\hat{y} = 11,0113 - 16,3816x^{0,5} + 1,277x$	0,9933	41,1
	SFT	$\hat{y} = -25,41563 + 0,21802x$	0,8935	-
		Resina de troca aniônica		
45 DAE	Gafsa	$\hat{y} = 37,613 + 0,3473x$	0,9582	-
	SFT	$\hat{y} = -4,75 + 0,3168x$	0,9904	-
90 DAE	Gafsa	$\hat{y} = 2,96875 + 0,30595x$	0,9895	-
	SFT	$\hat{y} = -9,9063 + 0,29775x$	0,9664	-
135 DAE	Gafsa	$\hat{y} = 2,4738 - 3,7527x^{0,5} + 0,5372x$	0,9985	12,2
	SFT	$\hat{y} = 6,7942 - 5,5887x^{0,5} + 0,4403x$	0,9896	40,3

Tabela 3.9. Equações de regressão e coeficientes de determinação (R^2) para os teores de fósforo (mg dm^{-3}) no NITOSSOLO VERMELHO Eutroférrico cultivado com *Brachiaria brizantha* cv. Marandu, em função das doses de fósforo, época de corte e extrator utilizado.

Corte	Fonte	Equação de regressão	R^2	Dose máxima —— mg kg^{-1} ——
		Mehlich-1		
45 DAE	Gafsa	$\hat{y} = 2,29197 - 6,4278x^{0,5} + 0,7818x$	0,9997	16,9
	SFT	$\hat{y} = -16,4025 + 0,21814x$	0,9596	-
90 DAE	Gafsa	$\hat{y} = -28,7513 + 0,41191x$	0,9786	-
	SFT	$\hat{y} = -13,5988 + 0,2325x$	0,9754	-
135 DAE	Gafsa	$\hat{y} = 21,6993 - 1,4428x^{0,5} + 1,1602x$	0,9608	0,4
	SFT	$\hat{y} = -20,9013 + 0,2006x$	0,9006	-
		Resina de troca aniônica		
45 DAE	Gafsa	$\hat{y} = 5,2375 + 0,3395x$	0,9952	-
	SFT	$\hat{y} = -1,575 + 0,2974x$	0,9968	-
90 DAE	Gafsa	$\hat{y} = 12,10 + 0,2264x$	0,9555	-
	SFT	$\hat{y} = -4,7533 + 3,7603x^{0,5} + 0,1319x$	0,9263	203,2
135 DAE	Gafsa	$\hat{y} = 0,2315 - 4,93x^{0,5} + 0,5698x$	0,9976	18,7
	SFT	$\hat{y} = 7,7278 - 7,2823x^{0,5} + 0,563x$	0,9963	41,8

Correlações

Para avaliar a eficiência dos extratores na extração e predição da disponibilidade de P nos solos LVef e NVef, correlacionou-se a quantidade de P extraída de cada extrator com os teores de P e a produção de MSPA do capim Marandu em cada corte realizado (Tabela 3.10).

As correlações entre o teor de P na MSPA e as quantidades extraídas com os dois extratores empregados foram positivas na maioria dos casos avaliados, indicando boa previsibilidade de disponibilidade de P para as plantas e para os dois extratores testados. Entretanto, os resultados indicam que os maiores coeficientes de correlação foram obtidos quando se empregou a resina para avaliar a disponibilidade de P independentemente do corte e fonte de P considerados. As diferenças observadas estão ligadas ao modo de ação de cada extrator. Enquanto a resina extrai formas de P ligadas a ferro e alumínio, provavelmente as formas de P mais comuns nos solos estudados, o extrator Mehlich-1 extrai preferencialmente formas de P ligadas ao cálcio, como indica os resultados apresentados SILVA & RAIJ (1999). Este tipo de comportamento ou ação dos extratores fez com que os maiores coeficientes de correlação entre os teores de P-resina e os teores de P na MSPA e a produção do capim marandu fossem obtido quando se utilizou a resina (Tabela 3.10).

Tabela 3.10. Coeficientes de correlação linear simples (r^2) entre o teor de fósforo disponível nos extratores M-1 e Resina com as quantidades totais de P absorvido (g vaso^{-1}) e a produção de MSPA do capim Marandu cultivado nos solos LVef e NVef em função das fonte de P e cortes considerados

Solos	Fonte	Extrator	P na MS			Produção de MSPA		
			45 DAE	90 DAE	135 DAE	45 DAE	90 DAE	135 DAE
LVef	Gafsa	M-1	$0,42^0$	$0,55^*$	$0,65^{**}$	$0,41^0$	$0,46^*$	$0,38^0$
		Resina	$0,55^*$	$0,59^{**}$	$0,72^{**}$	$0,56^{**}$	$0,48^*$	$0,46^*$
	SFT	M-1	$0,91^{**}$	$0,78^{**}$	$0,68^{**}$	$0,58^{**}$	$0,42^0$	$0,31^{NS}$
		Resina	$0,94^{**}$	$0,82^{**}$	$0,83^{**}$	$0,64^{**}$	$0,44^*$	$0,36^{NS}$
NVef	Gafsa	M-1	$0,46^*$	$0,68^{**}$	$0,65^{**}$	$0,44^*$	$0,31^{NS}$	$0,35^{NS}$
		Resina	$0,54^*$	$0,79^{**}$	$0,77^{**}$	$0,53^*$	$0,45^*$	$0,53^*$
	SFT	M-1	$0,90^{**}$	$0,92^{**}$	$0,88^{**}$	$0,50^*$	$0,60^{**}$	$0,42^0$
		Resina	$0,94^{**}$	$0,93^{**}$	$0,92^{**}$	$0,59^{**}$	$0,71^{**}$	$0,46^*$

^{0,*,**} significativo à 10, 5 e 1% de probabilidade, respectivamente.

Conclusões

1. A produção de massa seca da parte aérea do capim Marandu aumentou com o incremento das doses de fósforo, independente da fonte em ambos os solos.

2. O superfosfato triplo resultou em maiores produções de massa seca da parte aérea do capim Marandu apenas no primeiro corte. Nos cortes subseqüentes o efeito do fosfato de Gafsa não diferiu do SFT.

3. O aumento das doses de fósforo proporcionou aumentos nos teores de fósforo na massa seca da parte aérea das plantas do capim Marandu, principalmente para o superfosfato triplo.

4. A resina de troca aniônica correlacionou-se melhor com o teor de fósforo na parte aérea e produção de massa seca do capim Marandu, mostrando-se mais adequada que o extrator Mehlich-1 para avaliar a disponibilidade de fósforo do solo.

4. ARTIGO B: AVALIAÇÃO DE EXTRATORES, FONTES E DOSES DE FÓSFORO NO ESTABELECIMENTO DO CAPIM MARANDU EM SOLOS ARENOSOS DA REGIÃO NOROESTE DO PARANÁ

Resumo

O experimento foi conduzido em casa de vegetação na Universidade Estadual de Londrina, com objetivo de avaliar extratores, fontes e doses de fósforo no crescimento do capim marandu em solos do Paraná. Foram utilizados amostras de terra coletada da camada superficial (0-20 cm) de dois solos um LATOSSOLO VERMELHO-AMARELO distrófico (LVAd), textura areia franca e um ARGISSOLO AMARELO distrófico (PAd), textura franco-siltosa coletadas nos municípios Nossa Senhora das Graças e Umuarama da região noroeste do estado do Paraná. O delineamento experimental adotado foi o de blocos casualizados, em arranjo fatorial 2x4, em que os fatores foram duas fontes de P (superfosfato triplo e fosfato de Gafsa) e quatro doses de P (0, 125, 250, 500 mg kg^{-1} de P), com quatro repetições. Com relação às avaliações, foram realizados três cortes das plantas do capim Marandu aos 45, 90 e 135 dias após a emergência para determinar produção de massa seca da parte aérea e o teor de fósforo na massa seca. Nos mesmos períodos, coletaram-se amostras de solo para determinar o fósforo disponível pelos extratores Mehlich-1 e resina de troca aniônica. Os resultados indicaram que a produção de massa seca da parte aérea do capim Marandu aumentou com o incremento das doses de fósforo, independente da fonte em ambos os solos. O superfosfato triplo apresentou as maiores produções de massa seca da parte aérea do capim Marandu nos dois solos estudados. O aumento das doses de fósforo proporcionou aumentos nos teores de fósforo na massa seca da parte aérea das plantas do capim Marandu, principalmente quando se utilizou o superfosfato triplo. O fósforo disponível do solo, avaliado com a resina de troca aniônica, apresentou maior coeficiente correlação com o fósforo absorvido e com a produção de matéria seca da parte aérea das plantas do capim Marandu do que aquele extraído com extrator Mehlich-1.

Palavras-chave: Pastagem tropical, fonte de fósforo, fósforo disponível.

Abstract

The experiment was conduced on the Londrina State University greenhouse, with the objective to evaluate extractors, sources and doses of phosphorus on the growth of

Marandu grass on the Paraná soils. Soil samples collected from the superficial layer (0-20cm) were used from two soils, one Red-yellow Dystrophic Latosol (LVAd), sandy loam texture and one Distrophic Yellow Podzolic (PAd), silt loam texture collected from the Nossa Senhora das Graças and Umuarama cities from the northeast of Paraná State. The experimental design adopted was randomized blocks, with 2x4 factorial design, in which the factors were two sources of P (triple superphosphate and Gafsa phosphate) and four doses of P (0, 125, 250, 500 mg kg^{-1} of P), with four replicates. For the evaluations, three cuts were made on Marandu grass plants at 45, 90 and 135 days after emergence to determinate the dry matter production of the aerial part and phosphorus levels on the dry matter. On the same periods, soil samples were collected to determinate the phosphorus available by the Mehlich-1 and ion-exchange resin extractors. The results showed that the dry matter production of the aerial part of Marandu grass increased with the increment of phosphorus doses, independently of the source on both soils. The triple superphosphate presented higher productions of dry matter of the aerial part of Marandu grass on both soils evaluated. The increseament of phosphorus doses gave higher levels of phosphorus in the dry matter of the aerial part of Marandu grass plants, specially when using the triple superphosphate. The phosphorus available in the soil evaluated with the ion-exchange resin presented higher correlation coefficient with the absorbed phosphorus and with the production of dry matter of the aerial part of Marandu grass plants than the Mehlich-1 extractor.

Keywords: tropical pasture, phosphorus source, available phosphorus.

Introdução

No cenário atual da bovinocultura de corte, o Brasil possui o maior rebanho bovino comercial do mundo. O estado do Paraná é o sétimo maior produtor no ranking nacional, correspondendo a 5% do rebanho nacional. A região Noroeste do estado destaca-se nesta atividade e apresenta um rebanho que corresponde a 22% do total do estado. Além disso, a pecuária de corte é considerada como a atividade de grande expressão da região Noroeste do estado do Paraná (MEZZADRI, 2007).

Os solos desta região caracterizam-se por serem altamente intemperizados e apresentam baixo conteúdo de minerais primários. A fração argila é constituída predominantemente por argilas do tipo caulinita e por sesquióxidos de ferro e alumínio. São solos originalmente ácidos, com baixa saturação por bases e com elevada saturação por alumínio, indicando sua baixa fertilidade natural (LARACH et al., 1984).

A *Brachiaria brizantha* Hochst Stapf. cv. Marandu vem se tornando, cada vez mais, uma boa opção de planta para formação de pastagens nesta região, em razão da sua alta adaptabilidade a diversas condições ambientais. Segundo BONFIM et al. (2004), um dos principais problemas que limita o estabelecimento desta forrageira está relacionado aos baixos níveis de fósforo (P) dos solos. Para as condições tropicais, DODDEY et al. (1996) evidenciam a importância do P na formação, renovação e manutenção de pastagens formadas com gramíneas forrageiras. Normalmente a carência de P no solo esta associada a sua baixa mobilidade e alta afinidade de ligação com as partículas coloidais do solo, principalmente óxidos de Fe e Al, fazendo com que o mesmo seja o macronutriente primário mais usado em adubações (HOLANDA et al., 1995).

Embora seja tecnicamente indiscutível a necessidade de adoção da adubação fosfatada, uma das alternativas para redução dos custos refere-se à utilização de fosfatos naturais reativos como é o caso do fosfato de Gafsa. A eficiência dos fosfatos naturais depende de fatores relacionados às suas características intrínsecas, bem como das propriedades do solo, práticas de manejo e características genéticas das plantas (KHASAWNWEH & DOLL, 1978; CHIEN & MENON, 1995; RAJAN, et al., 1996).

O P é um dos elementos mais estudados em todo o mundo (LIMA & OLIVEIRA, 1998). Muitos estudos já foram conduzidos com o objetivo de avaliar a correlação existente entre a quantidade de P extraída com diferentes extratores e o P absorvido pelas plantas. A utilização de diferentes métodos de extração de P nas diferentes regiões do mundo é um reflexo da falta de concordância sobre qual seria o mais adequado método para tal fim (SILVA & RAIJ, 1999).

Nas análises de rotina feitas no Brasil, empregam-se basicamente dois métodos: o Mehlich-1(HCl 0,05 mol L^{-1} + H_2SO_4 0,0125 mol L^{-1}) e a resina de troca aniônica. O extrator Mehlich-1 é o mais empregado e se baseia no princípio da dissolução de minerais fosfatados ou no deslocamento do P retido nas superfícies coloidais (ROSSI & FAGUNDES, 1998 e VOLKWEISS & RAIJ, 1977). A grande vantagem deste extrator está ligada à simplicidade de preparação e rapidez na execução de análises de rotina, fato que explica sua ampla utilização. No entanto, tem como ponto desfavorável a baixa capacidade de extração de P em solos oxídicos, pois extrai preferencialmente o P ligado a cálcio e apenas pequenas porções do elemento ligado a ferro e alumínio (FIXEN & GROVE, 1990).

Segundo SILVA & RAIJ (1999) a ação da resina de troca aniônica saturada com NaHCO$_3$ se assemelha à ação das raízes das plantas no processo de absorção de P, que utilizam preferencialmente o P lábil do solo.

O uso do extrator Mehlich-1 tem recebido críticas, principalmente por sua capacidade de extrair P não disponível de solos que receberam fosfatos naturais, bem como pelos baixos teores obtidos em solos com elevados níveis de óxidos de ferro e alumínio (BAHIA FILHO et al., 1983). Para NOVAIS & SMYTH (1999) a utilização deste extrator superestima o P disponível e não apresenta boas correlações com os rendimentos das culturas ou quantidades absorvidas do elemento. Nestas condições, a resina seria mais apropriada para esta finalidade (VASCONCELLOS et al., 1986b; BRAGA et al., 1991 e MUTUO, 1999). Contrariando estas informações, algumas pesquisas têm indicado que o Mehlich-1 apresenta altas correlações tanto com o P absorvido pela planta como com as quantidades extraídas pela resina (MOREIRA & MALAVOLTA, 2001).

O uso do extrator Mehlich-1 para avaliar a disponibilidade de P dos solos em áreas que receberam adubações com fosfato natural têm resultado em valores superestimados não permitindo comparação com aqueles obtidos com a resina.

Normalmente os teores de P em amostras de solo de experimentos conduzidos em vasos são maiores do que de amostras colhidas em condições de campo, porém a utilização de diferentes extratores para determinação do P é de fundamental importância para se definir de forma racional e com maior precisão as quantidades deste nutriente que deverão ser aplicadas quando da realização das adubações de implantação ou renovação de pastagens, principalmente daquelas formadas com o capim Marandu.

Com o presente trabalho objetivou-se avaliar o efeito de extratores, fontes e doses de fósforo no estabelecimento da *Brachiaria brizantha* cv. Marandu em dois solos arenosos da região Noroeste do estado do Paraná.

Material e Métodos

O experimento foi conduzido em casa de vegetação na Universidade Estadual de Londrina (PR), com coordenadas geográficas 23°23' de latitude S e 51°11' de longitude W, altitude média 566m, no período de janeiro a maio de 2006. Foram selecionados dois solos dos municípios Nossa Senhora das Graças e Umuarama da região norte do estado do Paraná, com características físico-químicas distintas (Tabela 4.1) que foram classificados como LATOSSOLO VERMELHO-AMARELO distrófico (LVAd), textura areia franca e ARGISSOLO AMARELO distrófico (PAd), textura franco-siltosa (EMBRAPA, 2006).

Tabela 4.1. Resultados das análises físicas, químicas e mineralógicas das amostras dos solos estudados, antes da instalação do experimento

Caracterização	Solos	
	LVAd	PAd
Areia (g kg^{-1})[1]	881,00	819,00
Silte (g kg^{-1})[1]	20,00	61,00
Argila (g kg^{-1})[1]	100,00	120,00
pH (CaCl$_2$ 0,01 mol L^{-1})	5,90	5,00
Al^{3+} (cmol$_c$ dm^{-3})[2]	0,55	0,34
H$^+$ + Al^{3+} (cmol$_c$ dm^{-3})	1,89	4,01
C (g kg^{-1})[3]	6,60	13,10
P Mehlich-1 (mg dm^{-3})	4,00	2,00
P resina (mg dm^{-3})	4,00	3,00
K$^+$ (cmol$_c$ dm^{-3})[4]	0,18	0,17
Ca^{2+} (cmol$_c$ dm^{-3})[2]	2,23	3,18
Mg^{2+} (cmol$_c$ dm^{-3})[2]	0,94	0,88
V (%)	64,00	51,00
CTC (cmol$_c$ dm^{-3})	5,24	8,24
P-remanescente (mg dm^{-3})[5]	46,00	25,00
CMAP (mg g^{-1})[6]	0,10	0,53
EA (L mg^{-1} de P)[7]	0,51	0,17

[1] EMBRAPA (1997); [2] KCl 1,0 mol L^{-1}; [3] Walkey-Black; [4] Extrator Mehlich-1; [5] CaCl$_2$ 0,01 mol L^{-1} + 60 mg L^{-1} de P; [6] CMAP = capacidade máxima de adsorção de fósforo; [7] EA = energia de adsorção.

Para instalação do experimento foram coletadas amostras de terra da camada superficial (0 – 20 cm) de cada solo. As amostras coletadas foram secadas ao ar, destorroadas, peneiradas (4,0 mm), homogeneizadas e amostradas para análises granulométricas (EMBRAPA, 1997) e para avaliação da fertilidade (IAPAR, 1992). Os solos foram corrigidos utilizando-se uma mistura de CaO e MgO na relação estequiométrica 4:1 para elevar o índice de saturação por bases de cada solo a 50%. Os corretivos foram misturados a 4,0 kg de solo seco que posteriormente transferidos para vasos, revestidos com sacos plásticos para evitar perda de solo. Em seguida foram umedecidos a 60% do volume total de poros e incubados por 30 dias e posteriormente foi realizada a caracterização química das amostras de solo (Tabela 4.1).

O delineamento experimental adotado foi o de blocos casualizados, em arranjo fatorial 2x4, em que os fatores foram duas fontes de P (superfosfato triplo e fosfato de Gafsa) e quatro doses de P (0, 125, 250 e 500 mg kg^{-1}de P), com quatro repetições. Os adubos fosfatados correspondentes a cada tratamento foram aplicados e homogeneizados na terra de cada vaso. Imediatamente após a aplicação dos adubos fosfatados realizou-se uma adubação básica de semeadura aplicando-se via solução 100 mg kg^{-1} de N [NH_4NO_3 e $(NH_4)_2SO_4$ p.a.], 200 mg kg^{-1} de K (KCl p.a.), 40 mg kg^{-1} de S [$(NH_4)_2SO_4$ p.a.], 1,2 mg kg^{-1} de Cu ($CuSO_4.5H_2O$ p.a.), 0,8 mg kg^{-1} de B (H_3BO_3 p.a.), 1,5 mg kg^{-1} de Fe ($FeCl_3.6H_2O$ p.a.), 3,5 mg kg^{-1} de Mn ($MnCl_2.6H_2O$ p.a.), 0,15 mg kg^{-1} de Mo ($NaMoO_4.2H_2O$ p.a.) e 4 mg kg^{-1} de Zn ($ZnSO_4.7H_2O$ p.a.), como indicado por NOVAIS et al. (1991), omitindo o P. Procedeu-se em seguida a irrigação dos vasos uma quantidade de água equivalente a 60% do volume total de poros. Uma semana após, procedeu-se a semeadura do capim Marandu distribuindo-se aproximadamente 40 sementes por vaso. Dez dias depois da emergência das plântulas, fez-se o desbaste deixando oito plantas por vaso. O nível de umidade obtido em cada vaso foi mantido mais ou menos constante mediante pesagens e reposição diária da água evapotranspirada.

Os cortes da parte aérea das plantas foram realizados aos 45, 90 e 135 dias após a emergência (DAE). Após o primeiro e o segundo corte, foram realizadas adubações de cobertura aplicando 50 mg kg^{-1} de N (NH_4NO_3 p.a.) e 100 mg kg^{-1} de K (KCl p.a.).

Os cortes foram realizados com tesoura de poda, cortando-se as plantas a 5 cm da superfície do solo de cada vaso. Logo após o corte, o material vegetal colhido foi identificado e encaminhado para o laboratório onde foi lavado e secado em estufa com circulação forçada de ar, mantido à temperatura constante de 65°C, até obtenção de massa constante. Determinou-se a produção de massa seca da parte aérea pesando-se o material vegetal colhido dos vasos, a cada corte realizado.

Para determinar os teores de P na massa seca da parte aérea, o material seco foi moído em moinho do tipo Willey. Posteriormente, os materiais moídos foram acondicionados em recipientes de vidro com tampa e armazenado até a realização das análises químicas. O teor de P na matéria seca da parte aérea das plantas foi determinado após a obtenção do extrato nitro-perclórico (BATAGLIA et al. 1983) e dosado por colorimetria (BRAGA & DEFELIPO, 1974).

Nos mesmos dias dos cortes (45, 90 e 135 DAE) foram realizadas coletas de amostras de solo de cada vaso. As amostras foram secas ao ar, passadas em peneira com malha de 2 mm e submetidas à análises químicas para avaliação da disponibilidade de P pelos extratores Mehlich-1 e resina. A quantificação do P extraído com a solução extratora Mehlich-1 foi realizada de acordo com a metodologia descrita em IAPAR (1992) e o extraído com a resina de troca aniônica de acordo com RAIJ et al. (1986).

Os dados referentes à produção de massa seca da parte aérea, teores de P na massa seca da parte aérea e teores de P no solo (Mehlich-1 e resina), para cada corte, foram submetidos a análises de variância e ajustados equações de regressão. Quando indicado, as médias foram comparadas pelo teste Tukey a 5% de probabilidade e para seleção das equações de regressão, foram considerados os modelos significativos e com os maiores coeficientes de determinação (R^2). Para realização das análises estatísticas utilizou-se o programa SISVAR (SISVAR, 1999).

Resultados e Discussão

Produção de massa seca da parte aérea

A produção de massa seca da parte aérea do capim marandu (MSPA) foi baixa nos tratamentos que não receberam adubação fosfatada (testemunha) e aumentou com o incremento das doses da adubação fosfatada. Os valores variaram de 0,8 a 15,7 e de 0,2 a 22,2 g vaso^{-1}, respectivamente, para os solos LVAd e PAd, como apresentado na Tabela 4.2. Os baixos valores observados no tratamento testemunha podem ser atribuídos à baixa fertilidade atual de cada solo (Tabela 4.1). Outro fator que pode ter contribuído para a baixa produção de MSPA neste tratamento foi o baixo crescimento e desenvolvimento do sistema radicular, que certamente limitou a absorção e utilização do P, fundamental para os processos de multiplicação celular e crescimento das plantas do capim Marandu (TERUEL et al., 2000).

Com relação aos cortes, aquele realizado aos 90 DAE, foi o que proporcionou as maiores produções de MSPA nos dois solos estudados (Tabela 4.2). Observa-se de maneira geral que no PAd a produção de MSPA foi maior que no LVAd. Esta diferença encontrada entre os solos pode ser atribuída à composição mineralógica de cada solo (Tabela 4.2). O LVAd apresentou menor capacidade máxima de adsorção de P do que o PAd, no entanto, o P adsorvido estava retido mais fortemente neste solo (EA=0,51) do que no PAd (EA=0,17), 3,75 e 4,80 vezes superior ao PAd (Tabela 4.1). Dessa maneira, houve maior facilidade de disponibilização e absorção desse nutriente pelo capim Marandu no solo PAd, o que resultou nas maiores produções de MSPA observadas.

Tabela 4.2. Valores médios para produção de massa seca da parte aérea do capim Marandu nos cortes realizados aos 45, 90 e 135 DAE em função da aplicação de doses e fontes de fósforo em diferentes solos da região noroeste do PR

Dose de P (mg kg[-1])	Cortes					
	45 DAE		90 DAE		135 DAE	
	Gafsa	SFT	Gafsa	SFT	Gafsa	SFT
	LVAd					
	g/vaso					
0	0,8 a[1]	1,7 a	3,8 a	3,7 a	2,2 a	2,4 a
125	2,9 b	10,7 a	8,6 b	15,7 a	7,0 b	9,3 a
250	2,4 b	10,8 a	8,4 b	15,6 a	7,3 a	9,0 a
500	2,3 b	11,1 a	10,1 b	14,5 a	7,5 a	8,4 a
CV (%)	19,39		24,89		20,75	
	PAd					
	g/vaso					
0	0,2 a	0,2 a	2,2 a	1,8 a	1,3 a	1,6 a
125	3,8 b	14,7 a	17,8 a	17,0 a	10,0 a	9,4 a
250	4,8 b	15,7 a	18,5 a	17,4 a	9,2 a	9,6 a
500	5,5 b	14,9 a	15,5 a	22,2 a	8,4 a	10,0 a
CV (%)	17,76		13,69		17,65	

[1] Médias seguidas da mesma letra na linha para cada corte, não diferem (P>0,05) pelo teste de Tukey.

Entre as fontes de P testadas, observou-se nos solos LVAd e PAd que a produção de MSPA foi maior nos tratamentos que receberam adubação com SFT nos três cortes realizados. Este fato pode ser explicado pela maior eficiência do SFT na disponibilização de P para o capim Marandu. Resultados semelhantes foram encontrados por ANDRADE et al. (2003) que também obtiveram maior produção de MSPA da *Brachiaria ruziziensis* quando usaram o SFT como fonte de P em comparação a um fosfato de rocha carbonácea.

Considerando-se que a solubilização do fosfato de Gafsa se dá ao longo do tempo e que a acidez do solo tem um papel importante para a solubilização do P proveniente deste fosfato, nas condições deste trabalho, a calagem realizada previamente em função da elevação do pH do solo interferiu de maneira negativa, limitando a solubilização e liberação do P contido neste fosfato. Por outro lado, a calagem deve ter favorecido a liberação e disponibilização do P da fonte SFT, principalmente no LVAd, onde as diferenças entre as fontes só desapareceu no último corte (Tabela 4.2). Resultados similares foram encontrados por SANZONOWICZ et al. (1987), que verificaram que nas parcelas adubadas com fosfato de Araxá, houve redução na produção de MSPA da *Brachiaria decumbens* cultivada em Latossolo Vermelho, no primeiro ano após a calagem. Entretanto, os autores observaram também que com o passar do tempo, este efeito desapareceu, mesma situação observada neste trabalho. ALMEIDA et al. (1999) e RHEINHEIMER et al. (2001), também obtiveram resultados semelhantes, pois observaram que valores de pH do solo acima de 5,2 ao mesmo tempo em que minimiza os efeitos tóxicos do alumínio, retardam o processo de dissolução do fosfato natural e diminui a disponibilidade de P proveniente deste tipo de fertilizante.

As menores produções de MSPA obtidas com a utilização do fosfato de Gafsa podem estar ainda relacionadas ao período decorrido entre a aplicação e as amostragens (cortes) realizadas. Estes podem ter sido insuficientes para a liberação significativa do P nele contido. Isso corrobora os resultados de OLIVEIRA et al. (1984), VASCONCELOS et al. (1986a) e SOARES & MACEDO (1988), que afirmam que as fontes solúveis de P apresentam respostas superiores na fase inicial de implantação das pastagens. Entretanto estes pesquisadores ressaltam que com o decorrer do tempo, as respostas às fontes menos solúveis tendem a aumentar equiparando-se e às vezes superando as fontes solúveis. Por lado, os fosfatos de baixa solubilidade apresentam efeito residual mais duradouro.

Para explicar o efeito de doses, nos três cortes avaliados, o modelo raiz quadrada foi o que melhor se ajustou aos dados de produção de MSPA (Tabela 4.3). O aumento da produção de MSPA em função das doses de P foi mais expressivo no corte realizado aos 90 DAE. A dose de P que proporcionou os máximos valores de produção de MSPA variou entre os solos estudados e ficou dentro da faixa de variação de 125 a 500 mg kg^{-1} de P para os solos LVAd e PAd. Resultados semelhantes são encontrados na literatura, entre os quais pode se indicar aqueles obtidos por pesquisadores como WERNER & HAAG, (1972), SOUZA et al., (1999), GHERI et al., (2000), MACIEL et al., (2007), que também obtiveram aumentos na produção de MSPA de espécies forrageiras em resposta a aplicação de doses de P.

A grande variação na faixa de doses de P (125 a 500 mg kg^{-1} de P) para a qual obteve-se resposta positiva à adubação fosfatada, está dentro da variação de valores apresentados na literatura, em trabalhos realizados em vaso e em casa de vegetação, com valores em torno de 140 mg kg^{-1} de P (CORRÊA & HAAG, 1993), 150 a 400 mg kg^{-1} de P (REGO et al., 1985; GUSS, 1988), 170 a 250 mg kg^{-1} de P (MELO et al., 2007), 171 a 305 mg kg^{-1} de P (MESQUITA et al., 2004). Estes resultados destacam e reforçam a importância da adubação fosfatada para o estabelecimento de pastagens, principalmente quando se utiliza o capim Marandu.

Tabela 4.3. Equações de regressão ajustadas para a produção de massa seca da parte aérea do capim Marandu nos cortes realizados aos 45, 90 e 135 DAE em função da aplicação de doses e fontes de fósforo em diferentes solos da região noroeste do PR

Cortes	Fonte	Equação de regressão	R^2	Dose máxima —— mg kg^{-1} ——
		LVAd		
45 DAE	Gafsa[1]	$\hat{y} = 0,8617 + 0,2556x^{0,5} - 0,0087x$	0,9222	215,8
	SFT	$\hat{y} = 1,7294 + 1,095x^{0,5} - 0,0305x$	0,9887	322,2
90 DAE	Gafsa	$\hat{y} = 3,8998 + 0,4706x^{0,5} - 0,00903x$	0,9629	679,0
	SFT	$\hat{y} = 3,8027 + 1,5656x^{0,5} - 0,0491x$	0,9918	254,2
135 DAE	-[2]	$\hat{y} = 2,3288 + 0,7412x^{0,5} - 0,0222x$	0,9913	278,7
		PAd		
45 DAE	Gafsa	$\hat{y} = 0,2231 + 0,4104x^{0,5} - 0,0078x$	1,000	692,1
	SFT	$\hat{y} = 0,2545 + 1,8619x^{0,5} - 0,05424x$	0,9976	294,6
90 DAE	Gafsa	$\hat{y} = 2,2052 + 2,1545x^{0,5} - 0,07004x$	0,9991	236,6
	SFT	$\hat{y} = 1,9667 + 1,5612x^{0,5} - 0,0304x$	0,9796	659,3
135 DAE	-	$\hat{y} = 4,1749 + 1,8951x^{0,5} - 0,0658x$	0,9940	207,4

[1] Efeito de fonte e dose de fósforo e [2] Efeito geral das doses de fósforo.

Concentração de fósforo na massa seca da parte aérea

Os teores médios de P na MSPA do capim marandu variaram de 0,8 a 15,7 e 0,2 a 22,2 g kg^{-1}, respectivamente, para os solos LVAd e PAd, conforme apresentado na Tabela 4.4. Resultados semelhantes foram observados por CORRÊA & HAAG (1993), que obtiveram valores 0,57 a 18,80 g kg^{-1} para o capim Marandu cultivado em solução nutritiva. ROSSI & MONTEIRO (1999) também trabalharam com solução nutritiva e obtiveram para a *Brachiaria decunbens* teores de P que variaram de 0,70 a 6,80 g kg^{-1}, ficando muito abaixo dos valores obtidos neste estudo. Entretanto, MARSCHNER (1995) indica que valores entre 3,0 a 5,0 g kg^{-1} na matéria seca são ideais para o bom desenvolvimento das plantas.

Tabela 4.4. Valores médios para fósforo na parte aérea do capim Marandu em resposta as doses e fontes de P nos cortes realizados aos 45, 90 e 135 DAE em diferentes solos da região norte do estado do Paraná

Dose de P (mg kg^{-1})	Cortes					
	45 DAE		90 DAE		135 DAE	
	Gafsa	SFT	Gafsa	SFT	Gafsa	SFT
	LVAd					
	g kg^{-1}					
0	0,8 a	1,7 a	3,8 a	3,7 a	2,2 a	2,4 a
125	2,9 b	10,7 a	8,6 b	15,7 a	7,0 b	9,3 a
250	2,4 b	10,8 a	8,4 b	15,6 a	7,3 a	9,0 a
500	2,3 b	11,1 a	10,1 b	14,5 a	7,5 a	8,4 a
CV (%)	19,39		24,89		20,75	
	PAd					
	g kg^{-1}					
0	0,2 a	0,2 a	2,2 a	1,8 a	1,3 a	1,6 a
125	3,8 b	14,7 a	17,8 a	17,0 a	10,0 a	9,4 a
250	4,8 b	15,7 a	18,5 a	17,4 a	9,2 a	9,6 a
500	5,5 b	14,9 a	15,5 a	22,2 a	8,4 a	10,0 a
CV (%)	17,76		13,69		17,65	

[1] Médias seguidas da mesma letra na linha para cada corte, não diferem (P>0,05) pelo teste de Tukey.

O capim Marandu cultivado nos solos LVAd e PAd apresentou maiores teores de P na MSPA nos vasos adubados com o SFT nos três cortes avaliados, sendo que os maiores teores e as diferenças significativas marcantes ocorreram apenas até segundo corte somente no LVAd, pois no PAd a partir do segundo corte as diferenças entre fontes deixaram de existir (Tabela 4.4). Resultados semelhantes foram obtidos por FAQUIN et al. (1997) e OLIVEIRA et al. (2007), que também observaram que os teores de P na MSPA do capim Marandu foram maiores quando se utilizou o SFT em comparação com o termofosfato magnesiano e o fosfato de Araxá, respectivamente. De acordo com NOVAIS & SMYTH (1999), a dissolução do fosfato de Gafsa é mais intensa em solos ácidos e particularmente com maiores valores de CTC e teores de matéria orgânica, condições não encontradas nos dois solos estudados. Fato que justifica a maior eficiência no aproveitamento do P proveniente da fonte SFT em detrimento do fosfato de Gafsa.

Quando se considera o efeito de doses de P, o modelo linear e raiz quadrada, foram os que melhor se ajustaram aos dados obtidos nos três cortes avaliados (Tabela 4.5). De maneira geral, os teores de P na MSPA aumentaram em função do aumento das doses de P, principalmente quando a fonte empregada foi o SFT.

Este efeito foi mais pronunciado no solo PAd, pois no LVAd o uso do fosfato de Gafsa, não influenciou significativamente os teores de P na MSPA do capim Marandu. Resultados semelhantes foram observados por HOFFMANN (1992), que obteve um ajuste linear entre as doses de P aplicadas e seu acúmulo na MSPA de espécies forrageiras de braquiária. Vários trabalhos com outras espécies de gramíneas forrageiras têm mostrado efeitos positivos do acúmulo de P na MSPA em resposta às doses aplicadas (MARTINEZ, 1980; COSTA et al., 1983; GOMIDE et al., 1986; FONSECA et al., 1988; GUSS et al., 1990a; CORRÊA, 1991; RAO et al., 1996 e ROSSI & MONTEIRO, 1999).

A ausência de resposta significativa observada para o fosfato de Gafsa no LVAd pode ser atribuída ao efeito negativo da calagem, que interferiu reduzindo a solubilização deste fosfato.

Tabela 4.5. Equações de regressão ajustadas para o teor de fósforo na massa seca da parte aérea do capim Marandu em resposta a doses e fontes de fósforo nos realizados aos 45, 90 e 135 DAE em diferentes solos da região noroeste do PR

Corte	Fonte	Equação de regressão	R^2	Dose máxima —— g kg^{-1} ——
		LVAd		
45 DAE	Gafsa	$\hat{y} = \bar{y} = 1,16$	NS	-
	SFT	$\hat{y} = 0,6371 + 0,3435x^{0,5} + 0,0067x$	0,9997	657,1
90 DAE	Gafsa	$\hat{y} = \bar{y} = 0,26$	NS	-
	SFT	$\hat{y} = 0,2423 - 0,3054x^{0,5} + 0,0266x$	0,9649	33,0
135 DAE	Gafsa	$\hat{y} = \bar{y} = 0,34$	NS	-
	SFT	$\hat{y} = 0,3006 - 0,1583x^{0,5} + 0,0195x$	0,9995	16,5
		PAd		
45 DAE	Gafsa	$\hat{y} = 0,4987 + 0,2689x^{0,5} - 0,0092x$	0,9870	213,6
	SFT	$\hat{y} = 1,011 + 0,00697x$	0,9116	-
90 DAE	Gafsa	$\hat{y} = \bar{y} = 0,83$	NS	-
	SFT	$\hat{y} = 0,766 + 0,00725x$	0,9997	-
135 DAE	Gafsa	$\hat{y} = 0,8005 + 0,0014x$	0,8078	-
	SFT	$\hat{y} = 0,4678 + 0,0886x^{0,5} + 0,0014x$	0,9874	1001,0

NS - não significativo a 5 % de probabilidade.

Extratores de fósforo

Os resultados para avaliação do disponível, independentemente do solo e do extrator testado foram influenciados pelas fontes e doses de P. Os teores médios de P disponível no solo LVAd variaram 2,1 – 723,4 mg dm^{-3} para o extrator Mehlich-1 (M-1) e de 2,3 – 241,5 mg dm^{-3} para a resina e no solo PAd de 1,1 – 485,0 mg dm^{-3} para o extrator M-1 e de 2,5 – 141,8 mg dm^{-3} para a resina, como apresentado nas Tabelas 4.6 e 4.7. Independentemente do solo considerado, os maiores valores de P disponível foram obtidos com o extrator M-1. As variações observadas estão diretamente relacionadas à capacidade extrativa de cada método, principalmente nos tratamentos que receberam aplicações do fosfato de Gafsa, indicando que as quantidades de P disponível determinadas com este extrator não apresentam correspondência direta com a produção de MSPA do capim Marandu (Tabela 4.2), particularmente no solo LVAd (Tabela 4.6). Estes resultados indicam a inadequação de uso do extrator M-1 para avaliar a disponibilidade de P em amostras de solos recém adubados com fosfato natural. Resultados similares foram obtidos por SANZONOWICZ et al. (1987), BRASIL & MURAOKA (1997) e KLIEMANN & LIMA (2001) trabalhando com fosfato natural em diferentes culturas.

Tabela 4.6. Teores médios para fósforo no solo para o extrator Mehlich-1 em dois solos arenosos do noroeste do estado do Paraná cultivados com *Brachiaria brizantha* cv. Marandu, em resposta à aplicação de doses e fontes de fósforo

Dose de P (mg kg⁻¹)	Mehlich-1					
	45 DAE		90 DAE		135 DAE	
	Gafsa	SFT	Gafsa	SFT	Gafsa	SFT
	LVAd					
	— mg dm⁻³ —					
0	3,3 a	2,1 a	4,2 a	4,0 a	3,5 a	3,2 a
125	44,8 a	29,1 a	170,0 a	77,7 b	142,1 a	63,5 b
250	162,2 a	125,9 a	349,1 a	176,4 b	341,9 a	145,2 b
500	347,6 b	481,1 a	723,4 a	434,1 b	695,4 a	342,8 b
CV(%)	26,4		11,97		10,1	
	PAd					
	— mg dm⁻³ —					
0	1,1 a	1,0 a	1,3 a	1,2 a	1,2 a	1,6 a
125	100,4 b	149,2 a	67,5 a	28,2 b	65,4 a	26,2 b
250	180,2 a	169,9 a	158,7 a	63,4 b	160,6 a	72,9 b
500	485,0 a	424,7 b	414,5 a	171,8 b	422,0 a	198,2 b
CV(%)	10,3		17,6		15,8	

[1] Médias seguidas da mesma letra na linha para cada corte, não diferem (P>0,05) pelo teste de Tukey.

Por outro lado, a resina mostrou-se mais adequada que o extrator M-1 para avaliar a disponibilidade de P nestes solos e para as condições em que o experimento foi realizado. Os resultados obtidos com o emprego da resina de troca aniônica apresentaram melhor relação com a absorção de P pelas plantas. Este tipo de relação favorável entre a capacidade de predição de disponibilidade de P pela resina e a quantidade de P absorvida pelas plantas de capim Marandu, pode ser atribuído, segundo explicações apresentadas por RAIJ et al., (1986) e SILVA & RAIJ (1999), ao fato de que o pH da suspensão resina-solo ficarem muito próximos ou iguais ao pH do solo. Estes resultados indicam a melhor adequação do uso da resina para avaliar e predizer a disponibilidade de P em solos arenosos que receberam aplicação de fosfato natural reativo, como empregado neste estudo.

Tabela 4.7. Teores médios para fósforo no solo (mg dm^{-3}) para a resina de troca aniônica em dois solos arenosos do noroeste do estado do Paraná cultivados com *Brachiaria brizantha* cv. Marandu, em resposta à aplicação de doses e fontes de fósforo

Dose de P (mg kg^{-1})	Resina de troca aniônica					
	45 DAE		90 DAE		135 DAE	
	Gafsa	SFT	Gafsa	SFT	Gafsa	SFT
	LVAd					
	mg dm^{-3}					
0	4,5a	6,8a	3,3a	7,8a	2,3a	2,3a
125	31,0b	82,3a	32,5a	32,5a	26,8a	28,3a
250	85,8b	133,0a	65,5a	80,5a	52,3a	81,0a
500	96,3b	214,5a	113,8b	216,8a	241,5a	173,3b
CV(%)	20,7		25,4		29,0	
	PAd					
	mg dm^{-3}					
0	5,3a	5,3a	2,5a	6,3a	2,5a	3,8a
125	23,8a	27,3a	14,8a	23,3a	18,5a	15,0a
250	44,0b	60,3a	35,3b	59,5a	48,0a	34,5a
500	52,5b	141,8a	66,5b	118,8a	84,0a	103,5a
CV(%)	18,2		30,8		34,3	

[1] Médias seguidas da mesma letra na linha para cada corte, não diferem (P>0,05) pelo teste de Tukey.

Quando se considera isoladamente o efeito de doses, verifica-se que os melhores ajustes foram obtidos para equações lineares e raiz quadrada dependendo da combinação entre fonte, doses de P e cortes considerados. Na maioria das vezes estes ajustes apresentaram elevados valores de coeficientes de determinação (R^2) indicando a adequação dos modelos (Tabelas 4.8 e 4.9).

Tabela 4.8. Equações de regressão e coeficientes de determinação (R^2) para o teor de fósforo no LVAd, textura arenosa, cultivado com *Brachiaria brizantha* cv. Marandu em razão de doses e extratores de fósforo

Corte	Fonte	Equação de regressão	R^2	Dose máxima —— mg kg^{-1} ——
		Mehlich-1		
45 DAE	Gafsa	$\hat{y} = 4,1272 + 1,2902x - 7,6756x^{1/2}$	0,9914	8,9
	SFT	$\hat{y} = 9,01 + 0,809354x$	0,9630	-
90 DAE	Gafsa	$\hat{y} = -4,36 + 1,444674x$	0,9993	-
	SFT	$\hat{y} = 4,9704 + 1,1793x - 7,286x^{1/2}$	0,9989	9,5
135 DAE	Gafsa	$\hat{y} = -11,78 + 1,405737x$	0,9973	-
	SFT	$\hat{y} = 3,6839 + 0,9006x - 5,0277x^{1/2}$	0,9995	7,8
		Resina de troca aniônica		
45 DAE	Gafsa	$\hat{y} = 13,0 + 0,189143x$	0,8474	-
	SFT	$\hat{y} = 6,556 + 0,2175x + 4,4569x^{1/2}$	0,9998	105,0
90 DAE	Gafsa	$\hat{y} = 5,30 + 0,221486x$	0,9951	-
	SFT	$\hat{y} = 8,3589 + 0,6678x - 5,6791x^{1/2}$	0,9983	18,1
135 DAE	Gafsa	$\hat{y} = 4,991 + 0,8952x - 9,737x^{1/2}$	0,9745	29,6
	SFT	$\hat{y} = -5,80 + 0,351943x$	0,9898	-

Tabela 4.9. Equações de regressão e coeficientes de determinação (r^2) para o teor de fósforo no PAd, textura arenosa, cultivado com *Brachiaria brizantha* cv. Marandu em razão das doses e extratores de fósforo.

Corte	Fonte	Equação de regressão	R^2	Dose máxima —— mg kg^{-1} ——
		Mehlich-1		
45 DAE	Gafsa	$\hat{y} = -8,103 + 0,6913x + 7,5841x^{1}/_2$	0,9323	30,1
	SFT	$\hat{y} = 9,01 + 0,809354x$	0,9630	-
90 DAE	Gafsa	$\hat{y} = 2,5375 + 1,1997x - 8,1326x^{1}/_2$	0,9981	11,5
	SFT	$\hat{y} = -9,67 + 0,346634x$	0,9763	-
135 DAE	Gafsa	$\hat{y} = 1,8903 + 1,2247x - 8,7201x^{1}/_2$	0,9984	12,7
	SFT	$\hat{y} = 2,002 + 0,6112x - 4,9433x^{1}/_2$	0,9989	16,4
		Resina de troca aniônica		
45 DAE	Gafsa	$\hat{y} = 4,599 + 0,0091x + 2,0083x^{1}/_2$	0,9618	-
	SFT	$\hat{y} = 5,4676 + 0,3807x - 2,4405x^{1}/_2$	0,9995	10,3
90 DAE	Gafsa	$\hat{y} = 1,15 + 0,130743x$	0,9952	-
	SFT	$\hat{y} = 1,20 + 0,231943x$	0,9897	-
135 DAE	-	$\hat{y} = -1,925 + 0,1858x$	0,9865	-

Correlações

Para avaliar a eficiência dos extratores na extração e predição da disponibilidade de P nos solos LVAd e PAd, correlacionou-se a quantidade de P extraída de cada extrator com os teores de P e a produção de MSPA do capim Marandu em cada corte realizado (Tabela 4.10).

As correlações entre o teor de P na MSPA e as quantidades extraídas com os dois extratores empregados foram positivas para o LVAd, independente do corte e da fonte considerada. No entanto, ocorreram respostas diferentes entre as fontes e os dois extratores testados. Os maiores coeficientes de correlação entre as quantidades de P extraídas pelo M-1 e a produção de MSPA foram obtidos quando se utilizou o fosfato de Gafsa. Este resultado difere daquele indicado por GOEDERT & LOBATO (1984) que observou que o extrator M-1, por sua alta acidez, solubiliza P ligado a cálcio e por isso não é indicado para avaliar a disponibilidade de P em solo adubado com fosfatos naturais.

Os maiores coeficientes entre o P extraído pela resina e o teor de P na MSPA foram obtidos quando se utilizou o SFT. Estes resultados podem ser considerados como um indicativo de que a resina foi mais eficiente na predição da disponibilidade de P no solo, uma vez que há uma relação direta entre quantidade de P disponível no solo e teor de P na matéria seca das plantas.

As diferenças observadas entre os extratores estão ligadas ao modo de ação de cada um deles. Enquanto a resina extrai formas de P ligadas a ferro e alumínio, provavelmente as formas de P mais comuns nos solos estudados, o extrator M-1 extrai preferencialmente formas de P ligadas ao cálcio, como indica os resultados apresentados SILVA & RAIJ (1999).

Tabela 4.10. Coeficientes de correlação linear simples (r^2) entre o teor de fósforo disponível nos extratores M-1 e Resina com as quantidades totais de P absorvido (g vaso^{-1}) e a produção de MSPA do capim Marandu cultivado nos solos LVAd e PAd, em função das fontes de P e cortes considerados.

Solos	Fonte	Extrator	P na MS			Produção de MSPA		
			45 DAE	90 DAE	135 DAE	45 DAE	90 DAE	135 DAE
LVAd	Gafsa	M-1	$0,21^{NS}$	$0,91^{**}$	$0,40^{NS}$	$0,27^{NS}$	$0,71^{**}$	$0,63^{**}$
		Resina	$0,38^{NS}$	$0,78^{**}$	$0,37^{NS}$	$0,43^{0}$	$0,64^{**}$	$0,46^{0}$
	SFT	M-1	$0,81^{**}$	$0,84^{**}$	$0,94^{**}$	$0,46^{0}$	$0,47^{0}$	$0,48^{0}$
		Resina	$0,89^{**}$	$0,88^{**}$	$0,95^{**}$	$0,72^{**}$	$0,44^{0}$	$0,50^{0}$
PAd	Gafsa	M-1	$0,58^{*}$	$0,49^{0}$	$0,40^{NS}$	$0,73^{**}$	$0,42^{NS}$	$0,41^{NS}$
		Resina	$0,79^{**}$	$0,42^{NS}$	$0,37^{NS}$	$0,83^{**}$	$0,53^{*}$	$0,44^{0}$
	SFT	M-1	$0,78^{**}$	$0,94^{**}$	$0,96^{**}$	$0,67^{**}$	$0,72^{**}$	$0,60^{*}$
		Resina	$0,92^{**}$	$0,93^{**}$	$0,95^{**}$	$0,57^{*}$	$0,70^{**}$	$0,57^{*}$

$^{0, *, **}$ significativo à 10, 5 e 1% de probabilidade, respectivamente.

No solo PAd, os resultados indicaram coeficientes de correlação negativos entre as quantidades extraídas de P pelos dois extratores e os teores de P na MSPA no segundo corte, quando as plantas do capim Marandu foram adubadas com fosfato de Gafsa. Resultados que devem estar ligados mais a uma variação no manejo e condução da cultura e talvez na amostragem do solo do que uma inadequação de uso dos mesmos para avaliar a disponibilidade de P no solo. Nos outros cortes e quando se utilizou o SFT, os maiores coeficientes de correlação foram obtidos com resina, corroborando com as observações de IBRIKCI et al. (1992), que classificou a resina como sendo um extrator mais sensível que o Mehlich-1 às variações na disponibilidade de P no solo.

Conclusões

1. A produção de massa seca da parte aérea do capim Marandu aumentou com o incremento das doses de fósforo, independente da fonte em ambos os solos.

2. O superfosfato triplo apresentou as maiores produções de massa seca da parte aérea do capim Marandu nos dois solos estudados.

3. O aumento das doses de fósforo proporcionou aumentos nos teores de fósforo na massa seca da parte aérea das plantas do capim Marandu, principalmente quando se utilizou o superfosfato triplo.

4. O fósforo disponível do solo, avaliado com a resina de troca aniônica, apresentou maior coeficiente correlação com o fósforo absorvido e com a produção de matéria seca da parte aérea das plantas do capim Marandu do que aquele extraído com extrator Mehlich-1.

5. CONSIDERAÇÕES FINAIS

Os resultados indicaram que a produção de massa seca da parte aérea do capim Marandu aumentou com o incremento das doses de fósforo, independente da fonte e do solo considerado.

O uso superfosfato triplo resultou nas maiores produções de massa seca da parte aérea do capim Marandu apenas no primeiro corte, equiparando-se com o fosfato de Gafsa nos cortes subseqüentes nos solos LATOSSOLO VERMELHO Eutroférrico e NITOSSOLO VERMELHO Eutroférrico.

Nos solos LATOSSOLO VERMELHO-AMARELO Distrófico e ARGISSOLO AMARELO Distrófico, o superfosfato triplo resultou sempre nas maiores produções de massa seca da parte aérea do capim Marandu.

O aumento das doses de fósforo proporcionou incrementos nos teores de fósforo na massa seca da parte aérea das plantas do capim Marandu, principalmente para a fonte superfosfato triplo nos quatro solos avaliados.

A resina de troca aniônica mostrou-se mais adequada que o extrator Mehlich-1 para avaliar a disponibilidade de fósforo nos solos estudados e apresentou maior coeficiente de correlação com o fósforo absorvido pelas plantas do capim Marandu.

6. REFERÊNCIAS

AGUIAR, A.P.A. **Manejo da fertilidade do solo sob pastagem, calagem e adubação.** Guaíba: Agropecuária, 1998. 120p.

ALCÂNTARA, P.B.; BUFARAH, G. **Plantas forrageiras: gramíneas e leguminosas.** São Paulo: Nobel, 1985. 162 p.

ALMEIDA, J.A.; ERNANI, P.R.; MAÇANEIRO, K. C. Recomendação alternativa de calcário para solos altamente tamponados do extremo sul do Brasil. **Ciência Rural**, Santa Maria, v.29, n.4 p.651-656, 1999.

ALVAREZ, V.H.; FONSECA, D.M. Determinação de doses de fósforo para determinação da capacidade máxima de adsorção de fósforo e para ensaios em casa de vegetação. **Revista Brasileira de Ciência do Solo**, Viçosa, v. 14, p.49-55, 1990.

ALVAREZ, V.H.; NOVAIS, R.F.; DIAS, L.E.; OLIVEIRA, J.A. Determinação e uso do fósforo remanescente. **Sociedade Brasileira de Ciência do Solo**, Viçosa, v. 25, n⁰ 1, p.27-33, 2000. (Boletim Informativo)

ALVES, S.J.; MONTEIRO, A.L.G.; MORAES, A.; CORRÊA, E.A.S. **Foragicultura no Paraná.** Londrina, PR: Comição Paranaense de Avaliação de Forrageiras, 1996, 305p.

ANDRADE, C.M.S.; GARCIA, R.; COUTO, L.; PEREIRA, O.G.; SOUZA, A.L. Desempenho de seis gramíneas solteiras ou consorciadas com o *Stylosanthes guianensis* cv. Mineirão e eucalipto em sistema silvipastoril. **Revista Brasileira de Zootecnia**, Viçosa, v. 32, n. 6, p. 1845-1850, nov./dez. 2003.

ANDREW, C.S.; ROBINS, M.F. The effect of phosohorus on the growth, chemical composition, and critical phosphorus percentagens of some tropical pastures grasses. **Australian Journal of Agriculture Research**, v.22, n.2, p.693-706, 1971.

ARAÚJO, A.P.; MACHADO, C.T.T. Fósforo. In: FERNANDES, M.S. **Nutrição Mineral de Plantas**. Viçosa, MG: Sociedade Brasileira Ciência do Solo, 2006. p.253-280.

BAHIA FILHO, A.F.C.; BRAGA, J.M.; RIBEIRO, A.C.; NOVAES, R.F. Sensibilidade de extratores químicos à capacidade tampão de fósforo. **Revista Brasileira de Ciência do Solo**, Campinas, v.7, p.243-249, 1983.

BARROW, N. J. The four laws of soil chemistry: the Leeper lecture 1998. **Australian Journal of Soil Science**, Oxford, v 37, p. 787-829, 1999.

BATAGLIA, O.C.; FURLANI, A.M.C. TEIXEIRA, J.P.F.; FURLANI, P.R.; GALLO, J.R. **Métodos de analises químicas de plantas.** Campinas: Instituto Agronômico, 1983, 48p. (Boletim técnico n⁰ 78).BRAGA, J.M.; DEFELIPO,B.V. Determinação espectrofométrica de fósforo em extrato de solo e material vegetal. **Revista Ceres**, Viçosa, v. 21, p.73-85, 1974.

BONFIM, E.M.S., FREIRE, F.J., SANTOS, M.V.F., SILVA, T.J.A., FREIRE, M.B.G.S. Níveis críticos de fósforo para Brachiaria brizantha e suas relações com características físicas e químicas em solos de Pernambuco. **Revista Brasileira Ciência do Solo**, Viçosa, v.28, p.281-288, 2004.

BRAGA, N.R., MASCARENHAS, H.A.A., BULISANI, E.A., RAIJ, B., FEITOSA, C.T., HIROCE, R. Eficiência agronômica de nove fosfatos em quatro cultivos consecutivos de soja. **Revista Brasileira Ciência do Solo**, Campinas, v. 15, p. 315-319, 1991.

BRASIL, E.C.; MURAOKA, T. Extratores de fósforo em solos da Amazônia tratados com fertilizantes fosfatados. **Revista Brasileira Ciência do Solo**, Viçosa, v.21, p.599-06, 1997.

BRAY, R.H.; KURTZ, L.T. Determination of total, organic and available forms of phosphorus in soils. **Soil Science**, v. 59, p. 39-45, 1945.

CABALA, R.P.; WILD, A. Direct use of low grade phosphate rock Brasil as fertilizer. Effect of reaction time in soil. **Plant and Soil**, v.65, p.351-362, 1982.

CHIEN, S.H.; MENON, R.G. Factors affecting the agronomic effectiveness of phosphate rock for direct application. **Fertilizer Research**, Dordrecht, v. 41, 227-234 p. 1995.

CORRÊA, L.A. **Níveis críticos de fósforo para o estabelecimento de Brachiaria decumbens Stapf. Brachiaria brizantha (Hochst.) Stapf. cv. Marandu e Panicum maximum Jacq. em latossolo vermelho-amarelo.** 1991. 83 p. Tese (Tese de Doutorado) - Escola Superior de Agricultura Luiz de Queiroz, Universidade de São Paulo, Piracicaba, SP.

CORRÊA, L.A.; HAAG, H.P. Disponibilidade de fósforo pelos extratores de Mehlich-1 e Resina em Latossolo Vermelho-Amarelo, álico cultivado com três gramíneas forrageiras. **Scientia Agrícola**, Piracicaba, v.50, p.287-294, 1993.

COSTA G.G.; MONERAT, P.H.; GOMIDE, J.A. Efeito de doses de fósforo sobre o crescimento e teor de fósforo de capim jaraguá e capim colonião. **Revista da Sociedade Brasileira de Zootecnia**, v.12, n.1, p.1-10, 1983.

COUTINHO, E.L.; NATALE, W.; VILLA NOVA, A.S. Eficiência agronômica de fertilizantes fosfatados para a cultura da soja. **Pesquisa Agropecuária Brasileira**, Brasília, v. 26, p. 1393-1399, 1991.

DODDEY, R.M., RAO, I.M, THOMAS, R.J. 1996. Nutrient cycling and environmental impact of Brachiaria pastures. In: MILES, J.W., MAASS, B.L., VALLE, C.B. **BRACHIARIA: BIOLOGY, AGRONOMY, AND IMPROVEMENT**. Cali, CIAT. p. 72-86, 1996.

EMBRAPA, *Brachiaria brizantha* cv. **Marandu**. Campo Grande, MS: Centro Nacional de Pesquisa de Gado de Corte, 1985. 31p. (Documentos, 21).

EMBRAPA, 1997. **Manual de métodos de análises de solo**. 2.ed. Rio de Janeiro. 214p.

EMBRAPA, **Sistema brasileiro de classificação de solos**. Brasília: EMBRAPA – CNPS, 2006.

ENGELSTAD, O.P.; TERMAN, L. Agronomic efectiveness of phosphate fertilizers. In: KHASAWNEH, F.E. (Ed.). **The role of phosphorus in agriculture**. Madison: American Society of Agronomy, 1980. p. 311-332.

FAGERIA, N.K., Otimização da eficiência nutricional na produção das culturas. **Revista Brasileira de Engenharia Agrícola e Ambiental**, Campina Grande, v.2, p.6-16, 1998.

FAQUIN, V.; ROSSI, C.; CURI, N.; EVANGELISTA, A. R. Nutrição mineral em fósforo, cálcio e magnésio do Braquiarão em amostras de Latossolo dos Campos das Vertentes sob influência de calagem e fontes de fósforo. **Revista Brasileira de Zootecnia**, v. 26, n.6, p.1074-1082, 1997.

FIXEN, P. E.; GROVE, J. H. Testing soils for phosphorus. In: WESTERMAN, R. L. (Ed) **Soil Testing and Plant Analysis**, 3 ed. Madison. p. 141-180, 1990.

FIXEN, P. E.; LUDWICK, A. E. Residual available phosphorus in nearneutral and alkaline soils: I. Solubility and capacity relationships. **Soil Science Society of American Journal**, Madison, v 46, p. 332-334, 1982.

FONSECA, D.M.; ALVAREZ V., V.H.; NEVES, J.C.C. Níveis críticos de fósforo em amostras de solos para o estabelecimento de *Andropogon gayanus, Brachiaria decumbens* e *Hyparrhenia rufa*. **Revista Brasileira de Ciência do Solo**, Campinas, v.12, p. 49-58, 1988.

GHERI, E.O.; CRUZ, M.C.P.; FERREIRA, M.E. et al. Nível crítico de fósforo para *Panicum maximum* Jacq. cv. Tanzânia. **Pesquisa Agropecuária Brasileira**, v.35, p.1809-1816, 2000.

GOEDERT, W.J.; LOBATO, E. Avaliação agronômica de fosfatos em solo de cerrado. **Revista Brasileira Ciência do Solo**, Campinas, v.8, p.97-102, 1984.

GOEDERT, W.J.; REIN, T.A.; SOUZA, D.M.G. Eficiência agronômica de fosfatos naturais, fosfatos parcialmente acidulados e termofosfatos em solo de cerrado. **Pesquisa Agropecuária Brasileira**, Brasília, v.25, p. 521-530, 1990.

GOLDBERG, S.; SPOSITO, G. On the mechanism of specific phosphate adsorption by hydroxylated mineral surfaces: a review. **Communications in Soil Science and Plant Analysis**, New York, v. 16, p. 801-821, 1985.

GOMIDE, J.A.; ZAGO, C.P.; RIBEIRO, A.C. Calagem e fontes de fósforo no estabelecimento e produção de capim-colonião (*Panicum maximum* Jacq.) no cerrado. **Revista da Sociedade Brasileira de Zootecnia**, v.15, n.2, p.241-246, 1986.

GRANT, C.A.; FLATEN, D.N.; TOMASIEWICZ, D.J.; SHEPPARD, S.C. **A importância do fósforo no desenvolvimento inicial da planta**. Piracicaba, SP: POTAFOS, 2001, 16p. (Informações Agronômicas, n[0] 95)

GUSS, A.; GOMIDE, J.A.; NOVAIS, R.F. Exigência de fósforo para o estabelecimento de quatro espécies de *Brachiaria* em solos com características físico-químicas distintas. **Revista da Sociedade Brasileira de Zootecnia**, Viçosa, v. 19, p. 278-289, 1990.

HAMMOND, L.L. **Research on direct application of phosphate rock in the Agro-Economic Division**. IFDC, Florence, Alabama, 1977, 15p. (Memorandum)

HAMMOND, L.L.; CHEIN, S.H.; MOKWUNYE, A.V. Agronomic value of unacidulated and partially acidulated phosphate rocks indigenous to the tropics. **Advances in Agronomy**, San Diego, v.40, p. 89-140, 1986.

HOFFMANN, C.R. **Nutrição mineral e crescimento da braquiária e do colonião, sob influência das aplicações de nitrogênio, fósforo, potássio e enxofre em latossolo da região noroeste do Paraná.** 1992. 204p. Dissertação (Mestrado em Agronomia) - Escola Superior de Agricultura de Lavras, Lavras, MG.

HOFFMANN, J.A.; FAQUIM, V.; GUEDES, G.A.A. O nitrogênio e o fósforo no crescimento da braquiária e do colonião em amostras de um Latossolo da região do noroeste do Paraná. **Revista Brasileira de Ciência do Solo**, Viçosa, v. 19, p. 233-243, 1995.

HOLANDA, J.S., BRASIL, E.C., SALVIANO, A.A.C., CARVALHO, M.C.S., RODRIGUES, M.R.L., MALAVOLTA, E. Eficiência de extratores de fósforo para um solo adubado com fosfatos e cultivado com arroz. **Scientia Agrícola**, Piracicaba, v. 52, p. 561-568, 1995.

IAPAR, **Manual de análise química de solo e controle de qualidade**. Londrina, PR: Instituto Agronômico do Paraná, 1992, 37p. (Circular $n^{\underline{o}}$ 76)

IBRIKCI, H.; HANLON, E.A.; RECHCIGL, J.E. Initial calibration and correlation of inorganic phosphorus soil test methods with bahiagrass field trial. **Communications in Soil Science and Plant Analysis**, New York, v.23, p.2569-2579, 1992.

KAMINSKI, J.; PERUZZO, G. **Eficácia de fosfatos naturais em sistemas de cultivo**. Santa Maria, Núcleo Regional Sul da Sociedade Brasileira de Ciência do Solo, 1997. 31p. (Boletim Técnico, 3)

KHASAWNEH, F.E.; DOLL, E.C. The use of phosphate rock for direct application to soils. **Advances in Agronomy**, San Diego, v.30, 159-206 p. 1978.

KLIEMANN, H.J.; LIMA, D.V. Eficiência agronômica de fosfatos naturais e sua influência no fósforo disponível em dois solos de cerrado. **Pesquisa Agropecuária Tropical**, v.31, n.2, p.111-119, 2001.

KORNDÖRFER, G.H.; CABEZAS, W.A.L.; HOROWITZ, N. Eficiência agronômica de fosfatos naturais na cultura do milho. **Scientia Agricola**, Piracicaba, v.56, p. 32-39, 1999.

LARACH, J.O.I.; CARDOSO, A.; CARVALHO, A.P.; HOCHMÜLLER, D.P.; MARTINS, J.S.; RAUEN, M.J.; FASOLO, P.J.; PÖTTER, R.O. **Levantamento de reconhecimento dos solos do Estado do Paraná**. Curitiba, PR: EMBRAPA-SNLCS/SUDESUL/IAPAR, 1984, 791p. (Boletim técnico, 57)

LÉON, L.A.; FENSTER, W.E. **El uso de rocas fosfóricas como fuente de fósforo em suelos ácidos e infértiles de Sur América**. Cali: Muscle Shoals - IFDC/CIAT, 1980.

LEÓN, L.A.; FENSTER, W.E.; HAMMOND, L.L. Agronomic potential of eleven phosphate rocks from Brazil, Colombia, Peru and Venezuela. **Soil Science Society of America Journal**. Madison, v.50, n.3, p.798-802. 1986.

LIMA, A.O., OLIVEIRA, M. Fósforo assimilável em solos representativos do estado do Rio Grande do Norte. **Revista Caatinga**, Mossoró, v. 11, p. 65-70, 1998.

MACEDO, W. Efeito de fontes e níveis de fósforo e calcário na adubação de forrageiras em solos do Rio Grande do Sul. **Pesquisa Agropecuária Brasileira**, Brasília, v.20, p. 643-57, 1985.

MACIEL, G.A.; COSTA, S.E.G.V.A.; FURTINI NETO, A.E.; FERREIRA, M.M.; EVANGELISTA, A.R. Efeito de diferentes fontes de fósforo na *Brachiaria Brizantha* cv. Marandu cultivada em dois tipos de solos. **Ciência Animal Brasileira**, v.8, n.2, p. 227-233, 2007.

MAGALHÃES, A.F.; PIRES, A.J.V.; SOUSA, R.S. et al. Produção do capim *Brachiaria decumbens* em função de adubação nitrogenada e fosfatada no período das águas. In: REUNIÃO ANUAL DA SOCIEDADE BRASILEIRA DE ZOOTECNIA, 41., Campo Grande, 2004. **Anais.** Campo Grande: SBZ, 2004.

MAIQUE, T.; MONTEIRO, F.A. Distribuição e recuperação de fósforo e relação P:Zn na parte aérea do capim-Mombaça (compact disc). In: CONGRESSO BRASILEIRO DE CIÊNCIA DO SOLO, Ribeirão Preto, 2003. **Anais.** Ribeirão Preto: SBCS, 2003.

MALAVOLTA, E. **Manual de nutrição mineral de plantas**. São Paulo: Editora Ceres, 2006. 638p.

MALAVOLTA, E.; VITTI, G.C.; OLIVEIRA, S.A. **Avaliação do estado nutricional das plantas.** 2 ed. Piracicaba/SP: Potafos, 1997, p.210.

MARCSHNER, H. **Mineral nutrition of higher plants**. 2.ed. London: Academic Press, 1995. 889p.

MARTINEZ, H.E.P. **Níveis críticos de fósforo em *Panicum maximum* (Stapf) Prain, *Brachiaria humidicola* (Rendle) Schweickerdt, *Digitaria decumbens* Stent, *Hyparrhenia rufa* (Ness) Stapf, *Melinis minutiflora* Pal de Beauv, *Panicum maximum* Jacq. e *Pennisetum purpureum* Schum.** Piracicaba, 1980. 90p. Dissertação (Mestrado) - Escola Superior de Agricultura "Luiz de Queiroz", Universidade de São Paulo.

MARUN, F.; ALVES, J.A. 1996. Nutrição, adubação e calagem de forrageiras no Estado do Paraná. In: MONTEIRO, A. L. G. et al. Forragicultura no Paraná. Londrina, PR. 1996. p. 53-73.

MEHLICH, A. **Determination of P, Ca, Mg, K, Na and NH4 by North Carolina Soil Testing Laboratoris**. Raleigh, University of North Carolina. 1953. (Não publicado)

MELO, S.P.; MONTEIRO, F.A.; MANFREDINI, D. Silicate and phosphate combinations for marandu palisadegrass growing on an oxisol. **Scientia Agrícola**, Piracicaba, v.64, n.3, p.275-281, 2007.

MESQUITA, E.E.; PINTO, J.C.; FURTINI NETO, A.E.; SANTOS, I.P.A.; TAVARES, V.B. Teores críticos de fósforo em três solos para o estabelecimento de capim-mombaça, capim-marandu e capim-andropogon em vasos. **Revista Brasileira de Zootecnia**, v.33, n.2, p.290-301, 2004.

MEZZADRI, F.P. **Cenário atual da pecuária de corte: Aspectos do Brasil com foco no Estado do Paraná.** Curitiba: SEAB/DERAL/DCA, 2007. 51p.

MONTEIRO, F.A. Nutrição mineral e adubação. In: SIMPÓSIO SOBRE MANEJO DE PASTAGEM, 12., Piracicaba, 1995. **Anais.** Piracicaba: FEALQ, 1995. p.219-244.

MOREIRA, A., MALAVOLTA, E. Fontes, doses e extratores de fósforo em alfafa e centrosema. **Pesquisa Agropecuária Brasileira,** Brasília, v. 36, p. 1519-1527, 2001.

MUTUO, P.K. Comparison of phosphate rock and triple superphosphate on a phosphorus-deficient Kenyan soil. **Communications in Soil Science and Plant Analysis,** Philadelphia, v. 30, p. 1091-1103, 1999.

NOVAIS, R.F.; KAMPRATH, E.J. Phosphrus supplying capacities of previously heavily fertilized soils. **Soil Science Society of America Journal,** v.42, p.931-935, 1978.

NOVAIS, R.F.; NEVES, J.C.L.; BARROS, N.F. Ensaio em ambiente controlado. In: OLIVEIRA, A.J.; GARRIDO, W.E.; ARAUJO, J.D.; LOURENÇO, S. **Métodos de pesquisa em fertilidade do solo.** Brasília: EMBRAPA-SEA, 1991, p. 189-253.

NOVAIS, R.F.; SMYTH, T.J. **Fósforo em solo e planta em condições tropicais.** Viçosa, MG: Universidade Federal de Viçosa, 1999. 399p.

NOVAIS, R.F.; SMYTH, T.J; NUNES, F.N. Fósforo. In: NOVAIS, R.F.; ALVAREZ, V.H.V; BARROS, N.F.; FONTES, R.L.F.; CANTARUTTI, R.B.; NEVES, J.C.L. **Fertilidade do Solo.** Viçosa, MG: Sociedade Brasileira Ciência do Solo, 2007. p.471-550.

NOVELINO, J.O.; NOVAIS, R.F.; NEVES, J.C.L. et al. Solubilização de fosfato de Araxá, em diferentes tempos de incubação, com amostras de cinco latossolos, na presença e na ausência de calagem. **Revista Brasileira de Ciência do Solo,** Campinas, v.9, p.13-22, 1985.

NUNES, S.G.; BOOCK, A.; PENTEADO, M.I. de O.; GOMES, D.T. *Brachiaria brizantha* **cv. Marandu.** 2. ed. Campo Grande: EMBRAPA CNPGC, 1985. 31p. (EMBRAPA CNPGC. Documentos, 21).

OLIVEIRA, E.L.; MUZILLI, O.; IGUE, K.; TORNERO, M.T.T. Avaliação da eficiência agronômica de fosfatos naturais. **Revista Brasileira Ciência do Solo,** Campinas, v. 8, p. 63-67, 1984.

OLIVEIRA, E.L. **Sugestão de adubação e calagem para culturas de interesse econômico no Estado do Paraná.** Londrina: IAPAR, 2003, 30p. (Circular n⁰ 128)

OLIVEIRA, P.P.A.; OLIVEIRA, W.S. de; CORSI, M. Efeito residual de fertilizantes fosfatados solúveis na recuperação de pastagem de *Brachiaria brizantha* cv. Marandu em Neossolo Quartzarênico. **Revista Brasileira de Zootecnia,** Viçosa, v.36, n.6, p.1715-1728, 2007.

OZANNE, P.G. Phosphate nutrition of plants – A general treatise. In: KHASAWNEH, F.E.; SAMPLE, E.C.; KAMPRATH, E.J. **The role of phosphorus in agriculure.** Madinson, Americam Society of Agronomy, 1980. p.559-589.

PARFITT, R.L. Anion adsorption by soils and soil materials. **Advances in Agronomy**, San Diego, v 30, p. 01-46, 1978.

PORZECANSKI, I.; GHISI, O. M. A. A.; GARDNER, A. L.; FRANÇADANTAS, M. S. **The adaptation of tropical pasture species to a cerrado environment**. Campo Grande: EMBRAPA, CNPGC, 1979. 3 p.

RAIJ, B. van; DIEST, A. van. **Phosphate supplying power of rock phosphate in an oxisol. Plant and Soil**, v.55, p.97-104, 1980.

RAIJ, B.; FEITOSA, C.T.; CARMELLO, Q.A.C.A. Adubação fosfatada no Estado de São Paulo. In: OLIVEIRA, A.J. de; LOURENÇO, S.; GOEDERT, W.J. **Adubação fosfatada no Brasil**. Brasília, DF: EMBRAPA-DID. 1982, p.103-136. (Documentos, 21)

RAIJ, B.; FEITOSA, C.T.; SILVA, N.M. Comparação de quatro extratores de fósforo de solos. **Bragantia**, Campinas, v.43, p.17-29, 1984.

RAIJ, B.; QUAGGIO, J.A.; SILVA, N.M. Extraction of phosphorus, potassium, calcium, and magnesium from soils by an ion-exchange resin procedure. **Communications in Soil Science and Plant Analysis**, v.17, p.547-566, 1986.

RAIJ, B. **Fertilidade do solo e adubação**. Piracicaba, SP, Editora Ceres: POTAFOS, 1991. p.343.

RAJAN, S.S.S.; WATKINSON, J.H.; SINCLAIR, A.G. Phosphate rocks for direct application to soils. San Diego, **Advances in Agronomy,** v.57, 78-159 p. 1996.

RAO, I.M.; BORRERO, V.; RICAURTE, J. Adaptive attributes of tropical forage species to acid soils 2. Differences in shoot and root growth responses to varying phosphorus supply and soil type. **Journal of Plant Nutrition**, v.19, n.2, p.323-352, 1996.

RAYMAN, P.R. **Minha experiência com Brachiaria brizantha**. Campo Grande: Rayman's Seeds Sementes de Pastagens Tropicais, 1983. 3 p.

RHEINHEIMER, D.S. **Dinâmica do fósforo em sistemas de manejo de solos**. 2000. 210f. Tese (Doutorado em Agronomia) – Universidade Federal do Rio Grande do Sul, Porto Alegre, 2000.

RHEINHEIMER, D.S.; GATIBONI, L.C.; KAMINSKI, J. **Mitos e verdades sobre o uso de fosfatos naturais na Agroecologia**. Santa Maria: UFSM, 2001. (Nota técnica, 1)

ROBINSON, J.S.; SYERS, J.K. A critical evaluation of the factors influencing the dissolution of Gafsa phosphate rock. **Journal of Soil Science**, Oxford, p. 597-605, 1990.

ROSSI, C.; MONTEIRO, F.A. Doses de fósforo, épocas de coleta e o crescimento e diagnose nutricional nos capins braquiária e colonião. **Scientia Agricola**, Piracicaba, v.56, n.4, p.1101-1110, 1999.

ROSSI, C., FAGUNDES, J.L. Determinação do teor de fósforo em solos por diferentes extratores. **Revista de Agricultura**, Piracicaba, v. 73, p. 215-227, 1998.

SANTOS, H.Q.; FONSECA, D.M.; CANTARUTTI, R.B. et al. Níveis críticos de fósforo no solo e na planta para gramíneas forrageiras tropicais, em diferentes idades. **Revista Brasileira de Ciência do Solo**, v.26, p.173-182, 2002.

SANYAL, S.K.; DATTA, S.K. Chemistry of phosphorus transformations in soil. In: STEWART, B. A. **Advances in soil science**, New York, v16, p. 01-120, 1991.

SANZONOWICZ, C.; GOEDERT, W.J. **Uso de fosfatos naturais em pastagens**. Planaltina, DF: EMBRAPA-CPAC, 1986. 33p. (Circular técnica, 21)

SANZONOWICZ, C.; LOBATO, E.; GOEDERT, W.J. Efeito residual da calagem e de fontes de fósforo numa pastagem estabelecida em solo de cerrado. **Pesquisa Agropecuária Brasileira**, Brasília, v.22, n.3, p. 233-243, 1987.

SCHACHTMAN, D.P.; REID, R.J.; AYLING, S.M. Phosphorus uptake by plants: From soil to cell. **Plant Physiology**, v. 116, 447-453p. 1998.

SILVA, F.C.; RAIJ, B. Disponibilidade de fósforo em solos avaliada por diferentes extratores. **Pesquisa Agropecuária Brasileira**, Brasília, v.34, p.267-288, 1999.

SISVAR. **Sistema de análise de variância para dados balanceados**. Lavras: UFLA, 1999.

SILVEIRA, M.M. **Fracionamento seqüencial de fósforo em solos do semi-árido-nordestino**. 2000. Dissertação (Mestrado em Agronomia) - Universidade Federal Rural de Pernambuco, Recife, PB.

SOARES, W.V.; MACEDO, M.C.M. Eficiência de fontes de fósforo para forrageiras em solos ácidos. In: GOEDERT, W.J.; DIAS FILHO, F.A. **RELATÓRIO BIENAL 1986/87 - CONVÊNIO EMBRAPA/PETROFÉRTIL**. Brasília. 1988, p.57-64.

SOARES, W.V.; LOBATO, E.; SOUSA, D.M.G.; REIN, T.A. Avaliação do fosfato natural de Gafsa para recuperação de pastagem degradada em Latossolo Vermelho-Escuro. **Pesquisa Agropecúaria Brasileira**, Brasília, v. 35, n.4, p.819-825, abr. 2000.

SOUSA, D.M.G.; VOLKWEISS, S.J. Reações do superfosfato triplo em grânulos com solos. **Revista Brasileira de Ciência do Solo**, Campinas, v. 11, p. 133-140, 1987.

SOUSA, D.M.G.; LOBATO, E. Adubação fosfatada em solos da região do cerrado. In: SIMPÓSIO SOBRE FÓSFORO NA AGRICULTURA BRASILEIRA, 2003. Anais. POTAFOS/ANDA. São pedro, SP. 2003.

SOUZA, R.F.; PINTO, J.C.; SIQUEIRA, J.O. et al. Micorriza e fósforo no crescimento de *Brachiaria brizantha* e *Stylosanthes guianensis* em solo de baixa fertilidade. 1. Produção de matéria seca sob condições de estresse hídrico. **Pasturas Tropicales**, v. 21, p. 31-35, 1999.

STEVENSON, F.J.; COLE, M.A. **Cycles of soils carbon, nitrogen, phosphorus, sulfur, micronutrients**. $2^{\underline{0}}$ ed., New York: Wiley & Sons, 1999. 427p.

SYERS, J.K.; MACKAY, A.D.; BROWN, M.W.; CURRIE, L.D. Chemical and physical characteristics of phosphate rock materials of varying reactivity. Barking, **Journal of the Science of Food and Agriculture**, v.37, 1057-1064 p. 1986.

TERUEL, D.A.; DOURADO NETO, D.; HOPMANS, J.W.; REICHARDT, K. Modelagem matemática como metodologia de análise do crescimento e arquitetura de sistemas radiculares. **Scientia Agrícola**, Piracicaba, v.57, p.683-691, 2000.

VALLS, J.F.M.; SENDULSK, T. Descrição botânica. In: VALSS, J. F. M. **Carta, 6 de julho de 1984. Brasília, para Saladino G. Nunes**. Campo Grande, MS, 1984. p. 4-6.

VANCE, C.P.; UHDE-STONE, C.; ALLEN, D.L. Phosphorus acquisition and use: Critical adaptations by plants for securing a nonrenewable resource. **New Phytologist**, v.157, p.423-447, 2003.

VASCONCELOS, C.A.; SANTOS, H.L.; FRANÇA, G.E.; PITTA, G.V.E.; BAHIA FILHO, A.F.C. Eficiência agronômica de fosfatos naturais para a cultura do sorgo-granífero. I. Fósforo total e solúvel em ácido cítrico e granulometria. **Revista Brasileira de Ciência do Solo**. Campinas, v. 10, p. 117-121, 1986a.

VASCONCELLOS, C.A., SANTOS, H.L., FRANCA, G.E., PITTA, G.V.E., BAHIA FILHO, A.F.C. Eficiência agronômica de fosfatos naturais para a cultura do sorgo granifero. II. Produção de grãos, eficiência relativa e fósforo disponível. **Revista Brasileira Ciencia do Solo**, Campinas, v. 10, p. 123-128, 1986b.

VOLKWEISS, S.J., RAIJ, B. Retenção e disponibilidade de fósforo em solos. In: **SIMPÓSIO SOBRE O CERRADO: BASES PARA A UTILIZAÇÃO AGROPECUÁRIA**. São Paulo, EDUSP. p. 317-32, 1977.

WERNER, J.C. **Adubação de pastagens**. Nova Odessa: Instituto de Zootecnia, 1986. (Boletim Técnico, 18).

WERNER, J.C.; HAAG, H.P. Estudos sobre a nutrição mineral de alguns capins tropicais. **Boletim de Indústria Animal**. v.29, p. 191-245, 1972.

YOST, R.S.; KAMPRATH, E.J.; NADERMAN, G.C.; LOBATO, E. Residual effects of phosphorus adsorving Oxisol of Central Brazil. **Soil Science Society of American Journal**, Madison, v.45, p. 540-543, 1981.